FORSCHUNGSBERICHTE DES LANDES NORDRHEIN-WESTFALEN

Herausgegeben
im Auftrage des Ministerpräsidenten Dr. Franz Meyers
von Staatssekretär Professor Dr. h.c. Dr. E.h. Leo Brandt

Nr. 1056

Dr.-Ing. Oskar Pawelski
Dr.-Ing. Werner Lueg †

Max-Planck-Institut für Eisenforschung, Düsseldorf

Der Spannungszustand beim Ziehen und Einstoßen von runden Stangen

Als Manuskript gedruckt

Springer Fachmedien Wiesbaden GmbH

ISBN 978-3-663-03391-2 ISBN 978-3-663-04580-9 (eBook)
DOI 10.1007/978-3-663-04580-9

Gliederung

Zusammenstellung der benutzten Bezeichnungen . . . . S. 5

0. Einführung . . . . S. 7
1. Bisherige Kenntnisse, Aufgabenstellung . . . . S. 7
2. Ermittlung des Spannungszustandes nach der mathematischen Plastizitätstheorie. . . . . S. 11
   2.1 Annahme eines ideal-plastischen Werkstoffs . . . . S. 11
   2.2 Behandlung als Umformvorgang unter ebener Verzerrung . . . S. 12
      2.21 Grundsätzliches . . . . S. 12
      2.22 Gleitlinienfeld . . . . S. 13
      2.23 Spannungsbeziehungen längs der Gleitlinien. . . . . . S. 21
      2.24 Einfluß der Dickenabnahme und des Ziehholöffnungswinkels auf den Spannungszustand. Berechnungsbeispiele. . . . . S. 24
   2.3 Behandlung als rotationssymmetrischer Umformvorgang. . . . S. 31
      2.31 Grundsätzliches . . . . S. 31
      2.32 Spannungsbeziehungen längs der Gleitlinien. . . . . . S. 32
      2.33 Geschwindigkeitsfeld und tangentiale Deviatorspannung S. 35
      2.34 Einfluß der Querschnittsabnahme und des Ziehholöffnungswinkels auf den Spannungszustand. Berechnungsbeispiele . . . . S. 40
   2.4 Einfluß der Reibung auf den Spannungszustand . . . . S. 46
   2.5 Der Spannungszustand beim Einstoßen. . . . . S. 48
3. Berechnung der zur Umformung erforderlichen äußeren Spannungen S. 49
   3.1 Der Werkzeugdruck. . . . . S. 50
   3.2 Die Ziehspannung . . . . S. 53
   3.3 Die Einstoßspannung. S. 56
4. Zieh- und Einstoßversuche an Rundstäben aus Stahl. . . . . . . S. 58
   4.1 Versuchswerkstoff und Versuchsdurchführung . . . . S. 58
   4.2 Versuchsergebnisse und deren Vergleich mit den Berechnungen. . . . . S. 63
      4.21 Ziehspannungen. S. 63
      4.22 Einstoßspannungen . . . . S. 71
      4.23 Werkzeugdruck . . . . S. 74
      4.24 Das Aufstauchen der Stäbe vor dem Ziehwerkzeug. . . . S. 76
      4.25 Einfluß des Stabdurchmessers. . . . . S. 79
      4.26 Einfluß der Stabaustrittsgeschwindigkeit. . . . . . . S. 84
5. Zusammenfassung. . . . . S. 88

Literaturverzeichnis. . . . . S. 92
Tabellen. . . . . S. 95

Zusammenstellung der benutzten Bezeichnungen

Geometrische Abmessungen

r	Halbmesser	[mm]
R	Außenhalbmesser	[mm]
$\varrho = \dfrac{r}{R}$	bezogener Halbmesser	-
d	Durchmesser	[mm]
h	Dicke	[mm]
l	Länge	[mm]
L	Länge des Ziehhols	[mm]
ds_α	Bogenstück einer α-Gleitlinie	[mm]
ds_β	Bogenstück einer β-Gleitlinie	[mm]
a	Abstand zwischen zwei Bahnlinien	[mm]
F	Fläche	[mm^2]
F_s	durchströmte Fläche einer Stromröhre	[mm^2]
2α	Ziehholöffnungswinkel	[°,-]
β	Winkel zwischen Ziehholwand und β-Gleitlinie	[°,-]
γ	Winkel zwischen Bahnlinie und β-Gleitlinie	[°,-]
ϕ	Winkel zwischen r-Richtung und β-Gleitlinie im Gegenuhrzeigersinn	[°,-]

Formänderungen

ε_h	Dickenabnahme beim ebenen Ziehen und Einstoßen	[-, %]
ε_F	Querschnittsabnahme beim rotationssymmetrischen Ziehen und Einstoßen	[-, %]
$\varphi = \ln \dfrac{F_o}{F_1}$	logarithmische Formänderung	-
$\varphi_{äq}$	äquivalente Formänderung	-

Kräfte und Spannungen

P	Kraft	[kg]
k	Schubfließgrenze des ideal-plastischen Körpers	[kg/mm^2]
k_f	Formänderungsfestigkeit des wirklichen Körpers	[kg/mm^2]
σ	Normalspannung	[kg/mm^2]
$\sigma_1, \sigma_2, \sigma_3$	Hauptnormalspannungen	[kg/mm^2]
τ	Schubspannung	[kg/mm^2]
$p = -\dfrac{1}{2}(\sigma_r + \sigma_z)$	mittlerer Druck	[kg/mm^2]
$\omega = \dfrac{p}{2k}$	bezogener mittlerer Druck	-
$\sigma'_\vartheta = \sigma_\vartheta + p$	tangentiale Deviatorspannung	[kg/mm^2]
q	Werkzeugdruck	[kg/mm^2]

Geschwindigkeiten

v	mit Zeiger: Geschwindigkeit	[m/s]
v_1	Stabaustrittsgeschwindigkeit	[m/s]
u	Geschwindigkeit längs einer α-Gleitlinie	[m/s]
v	ohne Zeiger: Geschwindigkeit längs einer β-Gleitlinie	[m/s]
$w = \sqrt{u^2 + v^2}$	Bahngeschwindigkeit	[m/s]
$\bar{w} = \dfrac{w}{w_1}$	bezogene Bahngeschwindigkeit	-
$\dot{\varepsilon}$	Verzerrungsgeschwindigkeit	[1/s]
$\dot{\gamma}$	Schiebungsgeschwindigkeit	[1/s]
$\dot{\varphi}$	Formänderungsgeschwindigkeit	[1/s]

Verschiedenes

c_α	Konstante längs α-Gleitlinie	-
c_β	Konstante längs β-Gleitlinie	-
λ	Plastizitätsmodul der Levy-Mises-Gleichungen	$\left[\dfrac{mm^2}{kg \cdot s}\right]$
μ	Reibungsbeiwert	-
μ_r	rechnerischer Reibungsbeiwert	-
$\emptyset$	Schiebungseinflußzahl	-
$\Delta = \alpha \dfrac{1 + \sqrt{1 - \varepsilon_F}}{1 - \sqrt{1 - \varepsilon_F}}$	Ziehholformzahl	-
n	Exponent im Potenzgesetz $k_f(\dot{\varphi}^n)$	-

Zeiger

0	Zustand vor der Umformung
1	Zustand nach der Umformung
a	Aufstauchung
m	Mittelwert
Z	Ziehen
E	Einstoßen
Δ	Zustand im Dreiecksfeld
*	reibungsfreie Umformung
x,y,z	kartesische Koordinaten für ebenes Ziehen und Einstoßen
r,ϑ,z	Zylinderkoordinaten für rotationssymmetrisches Ziehen und Einstoßen
α,β	Kurvenkoordinaten des Gleitlinienfeldes

0. Einführung

Das Ziehen und das Einstoßen von Stangen sind zwei Kaltformgebungsverfahren, bei denen stabförmige Werkstücke mit verschiedenen Querschnittsformen, meist jedoch runde Stangen, durch eine im allgemeinen kegelförmig verjüngte Werkzeugöffnung, das sogenannte Ziehhol, entweder hindurchgezogen oder hindurchgedrückt werden. Das Einstoßen von Stangen ist ein verhältnismäßig junges Verfahren, das erst mit dem Aufkommen des Mehrstangenzuges Eingang in die Stabziehereien gefunden hat. Es wird stets vor dem Ziehen an ein und demselben Stab durchgeführt, wobei ein Stabende mit seinem vollen Querschnitt soweit durch das Ziehhol gedrückt wird, daß es auf der anderen Seite des Ziehwerkzeuges durch die Spannzange des Ziehwagens erfaßt werden kann. Auf diese Weise vermeidet man das Anspitzen der Ziehstäbe und verringert den Abfall der Stangenenden.

Wegen der vielseitigen Verwendungsmöglichkeiten von gezogenem Stabstahl, der durch die Kaltformgebung sehr maßhaltig ist und gute Festigkeitseigenschaften besitzt, haben die beiden genannten Verfahren bisher ständig an Bedeutung gewonnen. Zur richtigen Konstruktion und Ausnutzung der Ziehbänke und Ziehwerkzeuge sowie zur Herstellung eines einwandfreien Fertigerzeugnisses ist es deshalb wichtig zu wissen, welche Umformkräfte dabei benötigt werden und welche Beanspruchung der Werkstoff beim Durchlaufen der Umformzone erfährt. Da das Einstoßen im Gegensatz zum Ziehen bisher nur vereinzelt Gegenstand wissenschaftlicher Untersuchungen war, stellt sich besonders die Frage, welche Unterschiede im Spannungszustand und damit im Kraft- und Arbeitsbedarf beim Ziehen und Einstoßen bestehen.

1. Bisherige Kenntnisse, Aufgabenstellung

Zur ersten rechnerischen Behandlung der Mechanik des Ziehvorganges wurde ein homogener Spannungszustand vorausgesetzt. So machte G. SACHS [1] in seiner ältesten Theorie des Drahtziehens die Annahmen, daß die Längszugspannungen über dem Querschnitt des Werkstückes gleich und die Hauptnormalspannungen stets parallel und senkrecht zur Drahtachse gerichtet seien. Das plastische Gebiet wird dabei durch die Kreisflächen am Eintritt und Austritt der Ziehdüse begrenzt. Er übertrug damit die in der Elastizitätstheorie häufig gemachte Voraussetzung vom Ebenbleiben der Querschnitte auch auf plastische Formänderungen. Bei fehlender äußerer Reibung ergab sich dann die bekannte Gleichung für die ideale Ziehspannung

$$\sigma_{z_{id}} = k_{f_m} \ln \frac{F_o}{F_1} \quad . \tag{1}$$

Durch diese Gleichung wird eine untere Grenze für den Kraftbedarf beim Ziehen festgelegt.

Ähnliche Vorstellungen über den Spannungszustand führten bei E.SIEBEL [2] zu einem Bild über die Spannungsverteilung im Ziehhol, in dem die Längszugspannungen vom Wert Null beim Eintritt in die Düse geradlinig bis auf die aufzuwendende Ziehspannung σ_Z ansteigen, während die um die Formänderungsfestigkeit k_f kleineren Querspannungen entsprechend dem Tresca'schen Fließkriterium abnehmen. Die radial und tangential wirkenden Querspannungen wurden dabei als einander gleich angenommen. Im Gegensatz zu den Annahmen von G.SACHS [1] soll hier das plastische Fließen zwischen den am Düseneintritt und -austritt liegenden Kugelflächen stattfinden, wobei der Mittelpunkt der Kugeln der Schnittpunkt der verlängerten Düsenwandungen ist. Die Hauptnormalspannungslinien sind dann Mittelpunktsstrahlen und konzentrische Kreisbögen. Auch in diesem Falle ergibt sich die gleiche ideale Ziehspannung wie nach Gleichung (1).

In beiden Ansätzen wurden die äußere Reibung an der Ziehholwandung und die im Ziehgut auftretenden Schubverzerrungen nicht berücksichtigt. Beim wirklichen Ziehvorgang treten jedoch infolge der Reibung und der Umlenkung des Werkstoffflusses im Ziehhol Abweichungen vom homogenen Spannungs- und Verzerrungszustand auf, und es muß eine Ziehspannung aufgebracht werden, die größer ist als die nach Gleichung (1) errechnete.

Man hat deshalb versucht, den Einfluß der Reibung und der inneren Schiebungen in Gleichung (1) durch hinzugefügte Glieder zu berücksichtigen. Dadurch ergaben sich Ziehspannungsgleichungen, die sich alle schematisch in der Form

$$\sigma_Z = f_R \, \sigma_{Z_{id}} + g_S \; ; \qquad f_R > 1 \, , \quad g_S > 0 \qquad (2)$$

darstellen lassen, worin die Funktion f_R die Reibung und die Funktion g_S die inneren Schiebungen berücksichtigen. Von Theorien dieser Art seien hier genannt die bereits erwähnte von G.SACHS [1] sowie die von G.SACHS und K.R. van HORN [3], F.KÖRBER und A.EICHINGER [4], E.A.DAVIS und S.J. DOKOS [5], E.SIEBEL [6], S.J.GUBKIN [7], A.GELEJI [8], L.W.HU [9] und P.W.WHITTON [10]. Obwohl die nach ihnen berechneten Ziehkräfte für praktische Zwecke - etwa zur Auslegung von Ziehmaschinen oder für die Belange der Fertigung - in den meisten Fällen genügend genau sein dürften, sind aus ihnen jedoch keine Erkenntnisse über die Vorgänge im Inneren des Werkstückes abzuleiten, weshalb sie letzten Endes unbefriedigend sind.

Besonders die Funktion g_S in Gleichung (2), die nach F.KÖRBER und A.EICHINGER [4] nur vom Ziehholöffnungswinkel und der mittleren Formänderungsfestigkeit, nicht aber von der Querschnittsabnahme abhängen soll, vermag das Schiebungsverhalten nicht richtig wiederzugeben, wie aus Versuchen eindeutig hervorgeht. Lediglich P.W.WHITTON [10] schlägt ein Schiebungsglied vor, das die Querschnittsabnahme als Veränderliche enthält.

Angesichts der Tatsache, daß diese Theorien von der der Wirklichkeit wenig entsprechenden Voraussetzung eines homogenen Werkstoffflusses ausgehen, bedeutet es geringen Gewinn, wenn E.A.DAVIS und S.J.DOKOS [5] und daran anschließend L.W.HU [9] ein lineares Verfestigungsgesetz in ihre Gleichungen einführen, wodurch diese sehr unhandlich werden.

Auf der Suche nach einer geschlossenen Lösung des Ziehproblems versuchte Th.PÖSCHL [11], von der Elastizitätstheorie her zu einem brauchbaren Ergebnis zu kommen. Indem er in den dreidimensionalen elastischen Gleichungen den Elastizitätsmodul durch einen Verfestigungsmodul, die elastische Querzahl durch eine plastische ersetzte und außerdem ein lineares Verfestigungsgesetz einführte, erhielt er eine vollständige Lösung für den Spannungs- und Verzerrungszustand. Wie E.SIEBEL [12] zeigte, ist sie jedoch mit den Erfahrungen und den Gesetzen der plastischen Umformung nicht vereinbar. Als grundsätzlicher Fehler dieser Berechnungen muß angesehen werden, daß ihnen eine falsche Spannungs-Verzerrungs-Beziehung zugrunde liegt. Da nämlich im plastischen Bereich den Spannungen die Dehnungsänderungen nnd nicht etwa die Dehnungen selbst zugeordnet werden müssen, ist das Hookesche Gesetz für elastische Körper auch in der beschriebenen abgewandelten Form nicht auf eine plastische Formänderung anwendbar.

Dem Fließverhalten des Werkstoffes besser angepaßt ist die mathematische Plastizitätstheorie, die u.a. von R.HILL [13] sowie von W.PRAGER und P.G. HODGE [14] eingehend beschrieben worden ist. Mit ihrer Hilfe erhält man ein der Wirklichkeit mehr entsprechendes Bild von der inhomogenen Formänderung über dem Querschnitt des Werkstückes, die sich beim Durchgang des Werkstoffes durch das Gleitlinienfeld, d.h. durch die Umformzone, vollzieht. Die Berechnung des Spannungszustandes in der Umformzone führt hier auf eine Randwertaufgabe, die von Gleitlinie zu Gleitlinie fortschreitend gelöst werden kann.

Eine exakte Lösung dieser Aufgabe ist bisher nur für den Fall der ebenen Formänderung möglich, wie sie etwa beim breitungslosen Ziehen oder Walzen eines sehr breiten Streifens auftritt. Sie wurde von R.HILL und S.J. TUPPER [15] gefunden und von A.P.GREEN und R.HILL [16] sowie von J.F.W. BISHOP [17] vervollständigt. Wie J.G.WISTREICH [18] durch Versuche feststellte, läßt sie sich jedoch zahlenmäßig nicht ohne weiteres auf die beim Draht- und Stangenziehen auftretende rotationssymmetrische Formänderung übertragen. Dennoch geben die hierbei erhaltenen Ergebnisse wertvolle qualitative Aufschlüsse für das rotationssymmetrische Problem.

Die im folgenden mitgeteilten Betrachtungen haben zunächst den Zweck, genauere Berechnungsverfahren für den Kraftbedarf beim Ziehen und Einstoßen von Rundstäben zu erarbeiten. Sie sollen darüber hinaus aber auch dazu dienen, die Vorstellungen über die Ausbildung der Umformzone und über die Beanspruchung des Werkstückstoffes im plastischen Bereich zu vertiefen. Dazu soll vom ebenen Umformvorgang ausgegangen werden. Für eine Reihe von Beispielen, die zahlenmäßig dem betrieblichen Stabziehen mehr angepaßt sind als die bisherigen Berechnungen, wird die Umformzone in Form des Gleitlinienfeldes ermittelt und daraus der Spannungszustand im bildsamen Bereich errechnet.

Daran anschließend wird versucht, eine Näherungslösung für den wirklichen rotationssymmetrischen Umformvorgang zu erhalten.

Dem Spannungszustand beim Ziehen soll schließlich der beim Einstoßen gegenübergestellt werden. Das Einstoßen ist ein dem Fließpressen naheliegendes Verfahren, bei dem der Stab ohne Anspitzen durch das Ziehwerkzeug hindurchgedrückt wird.

Die versuchsmäßige Nachprüfung der berechneten Spannungszustände ist mit großem Aufwand verbunden, wenn man die ganze Umformzone erfassen will. Zur Berechnung des Kraftbedarfs dürfte es genügen, nur die nach außen, also an den Rändern des bildsamen Bereiches wirksamen Spannungen zu überprüfen, deren integraler Mittelwert

$$\frac{1}{F_1} \int_{F_1} \sigma_z \, dF_z \qquad \text{oder} \qquad \frac{1}{F_o} \int_{F_o} \sigma_z \, dF_z$$

gleich der Zieh- oder Einstoßspannung ist. Dazu sind dann nur Versuche notwendig, bei denen die Zieh- und Einstoßkräfte gemessen werden.

Solche Versuche, bei denen der Stabenddurchmesser, die Querschnittsabnahme und der Ziehholöffnungswinkel in weiten Grenzen verändert wurden, wurden auf der hydraulischen 25-t-Stangenziehbank des Max-Planck-Instituts für Eisenforschung durchgeführt. Ihre Ergebnisse sollen neben dem bereits erwähnten Zweck insbesondere noch dazu dienen, im Anschluß an die Arbeiten von W.LUEG und K.-H.TREPTOW [19] und W.DAHL und W.LUEG [20] weitere Unterlagen über den in Deutschland zur Fertigung von Blankstahlstäben noch wenig angewandten Einstoßvorgang zu liefern, sowie die Abhängigkeit der Zieh- und Einstoßspannungen vom Stabenddurchmesser und von der Zieh- und Einstoßgeschwindigkeit festzustellen.

2. Ermittlung des Spannungszustandes nach der mathematischen Plastizitätstheorie

2.1 Annahme eines ideal-plastischen Werkstoffes

Beim Ziehen und Einstoßen sind die plastischen Formänderungen im allgemeinen so groß, daß die elastische Verformung vernachlässigt werden darf. In den folgenden Berechnungen wird deshalb im Anschluß an die bisherige Plastizitätstheorie ein starr-plastischer Körper vorausgesetzt. Darüber hinaus soll der Körper auch als ideal-plastisch angesehen werden. Obwohl damit die Kaltverfestigung nicht berücksichtigt wird, scheint der idealplastische Körper nach E.G.THOMSEN [21] dennoch das geometrische Formänderungsverhalten der Werkstoffe bei der bildsamen Formgebung im wesentlichen richtig zu beschreiben. Als Beweis für diese Annahme führt THOMSEN die Ergebnisse von visioplastischen Versuchen beim Fließpressen von Blei und Aluminium an, also von Werkstoffen mit stark unterschiedlichem Verfestigungsverhalten. Dabei zeigte sich, daß bei beiden Werkstoffen Richtung und Größe der Teilchengeschwindigkeit sowie die Verteilung der auf die Formänderungsfestigkeit bezogenen Spannungen nur von den geometrischen Randbedingungen und nicht vom Verfestigungsverhalten abhingen. Nähere Angaben über die Durchführung solcher visioplastischen Versuche finden sich u.a. bei E.G.THOMSEN und J.FRISCH [22] sowie bei T.F.JORDAN [23].

Die oben ausgesprochene Vermutung wird ferner durch J.G.WISTREICH [18] bestätigt, der beim Ziehen von Drähten aus weichem Flußstahl, austenitischem Stahl und Elektrolytkupfer im wesentlichen gleiche äquivalente Formänderungen feststellte, die sich nur mit der Querschnittsabnahme und dem Ziehholöffnungswinkel veränderten.

Die Annahme eines starr-ideal-plastischen Werkstoffs ist demnach im vorliegenden Fall zulässig.

2.2 Behandlung als Umformvorgang unter ebener Verzerrung

2.21 Grundsätzliches

Der Ziehvorgang, bei dem der Werkstoff nur in zueinander parallelen Ebenen fließt, im folgenden kurz ebenes Ziehen genannt, ist für den Ziehereibetrieb kaum von Interesse, obwohl er sich beim Ziehen eines Streifens mit im Verhältnis zur Dicke großer Breite durch einen beidseitig offenen Spalt oder beim Ziehen durch ein rechteckiges Ziehhol, in dem nur eine Dickenabnahme erfolgt, verwirklichen läßt.

Große Bedeutung hat jedoch das ebene Ziehen als Ersatzvorgang für die rechnerische Behandlung des Draht- oder Stangenziehens gewonnen. Wenn der Werkstoff nämlich nur in zueinander parallelen Ebenen fließen soll, dann ist die Formänderung und damit auch die Formänderungsgeschwindigkeit senkrecht zu den Fließebenen gleich Null. Das bedeutet eine erhebliche Vereinfachung der Gleichungen.

Auch für experimentelle Untersuchungen des Ziehvorganges kann zuweilen das ebene Modell von Vorteil sein. Auf diese Weise konnten z.B. P.M.COOK und J.G.WISTEICH [24] und J.G.WISTREICH [25] beim ebenen Ziehen von Weichloten durch spannungsoptische Messungen Aussagen über die Druckverteilung in der Ziehfuge längs des Ziehwerkzeuges machen.

Für die folgenden Berechnungen sei vorausgeschickt, daß sie nur für reibungsfreies Ziehen gelten. Den Einfluß der Reibung auf den Spannungszustand zu erfassen, bereitet erhebliche Schwierigkeiten und übermäßigen Rechenaufwand. Die hier ermittelten Spannungsverteilungen geben deshalb nur den Einfluß der Geometrie des Umformvorganges wieder. Wenn auch die Voraussetzung der Reibungsfreiheit in vielen Fällen eine erhebliche Vernachlässigung bedeutet, so dürfte der Wert der nachfolgenden Berechnungen doch darin bestehen, daß sie erkennen lassen, wie allein durch die Umlenkung des Werkstoffes beim Durchgang durch das Ziehhol ein inhomogener Spannungs- und Verzerrungszustand entsteht und welche Größen diesen beeinflussen. Im späteren Abschnitt 2.4 wird der Einfluß der Reibung auf die Spannungsverteilung qualitativ erörtert.

2.22 Gleitlinienfeld

Für das ebene Ziehen und Einstoßen durch eine keilförmige Düse mit ebenen Begrenzungswänden wird im folgenden das von R.HILL und S.J.TUPPER [15] angegebene Gleitlinienfeld benutzt. Dazu geht man von einem Feld aus, das sich ergibt, wenn man gemäß Abbildung 1 eine unendlich lange,

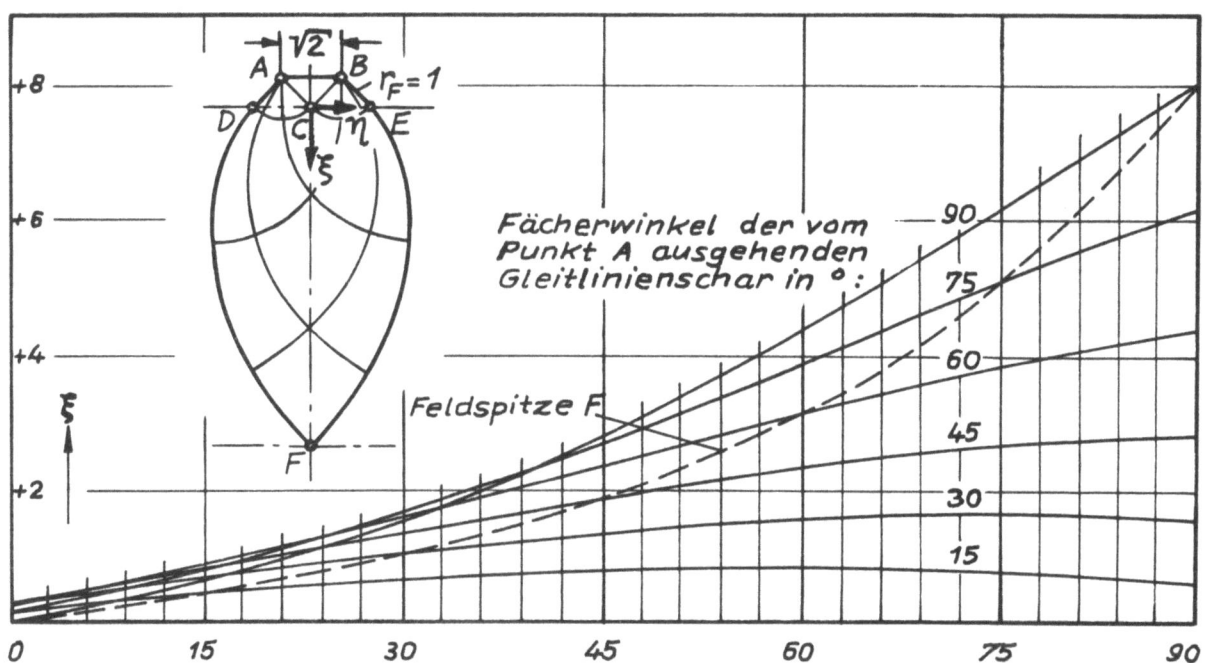

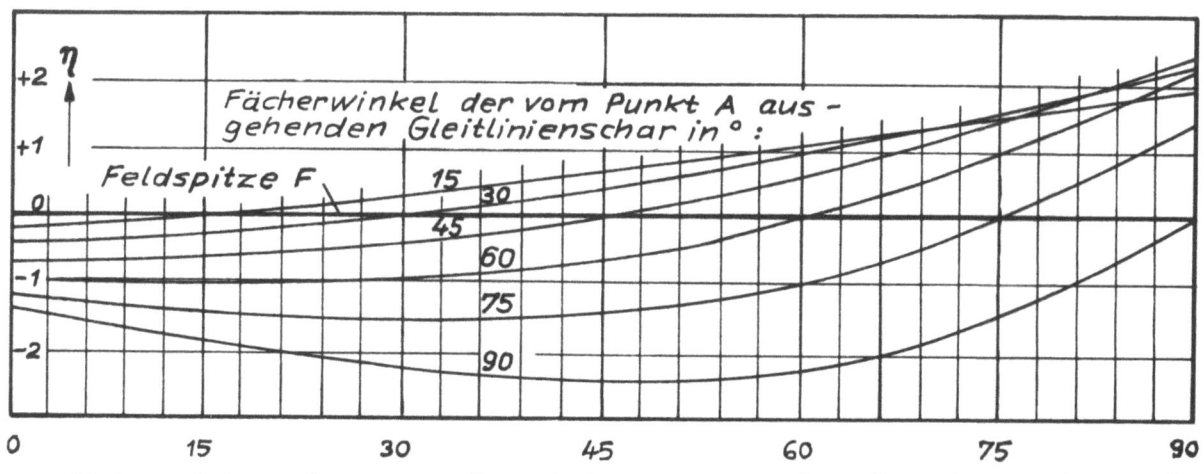

Abbildung 1

Koordinaten des Gleitlinienfeldes nach R.HILL und S.J.TUPPER in Abhängigkeit vom Fächerwinkel

flache Stauchbahn mit der Breite AB in ein flaches Werkstück einzudrücken versucht, dessen Dicke jedoch eine gewisse Grenze nicht überschreiten darf, um Werkstoffaufwerfungen seitlich des Preßstempels zu vermeiden. Von der Preßbahn ausgehend setzt sich dieses Feld zusammen aus einem Dreieck mit geraden Gleitlinien, zwei gleichen zentrierten Kreisfächern, in denen die Gleitlinien Mittelpunktsstrahlen und konzentrische Kreisbögen sind, und einem Gebiet, in dem beide Gleitlinienscharen gekrümmt sind. Daß dieses zunächst nur für das Stauchen gültige Gleitlinienfeld auch auf das Ziehen oder Einstoßen angewendet werden darf, geht nach A.P.GREEN und R.HILL [16] daraus hervor, daß der Fall des Ziehens oder Einstoßens auf den Fall des Stauchens übergeht, wenn man den Ziehholöffnungswinkel gegen den Grenzwert Null gehen läßt.

R.HILL [13] hat die Koordinaten dieses Feldes für Fächerwinkel von $15°$ zu $15°$ mitgeteilt. Für die nachfolgend zu ermittelnden Gleitlinienfelder beim Ziehen waren jedoch kleinere Maschenweiten erforderlich, da entsprechend den später zu beschreibenden Versuchsbedingungen die Neigungswinkel der Ziehholwand von $3°$ zu $3°$ gestuft werden sollten. Die dazu durchgeführte Interpolation soll anhand von Abbildung 1 erläutert werden. Darin sind die Koordinaten des Feldes ξ und η über dem Fächerwinkel der vom Punkt B ausgehenden Gleitlinienschar aufgetragen, wobei der Fächerwinkel der vom Punkt A ausgehenden Gleitlinienschar als Parameter gewählt wurde. Mit Hilfe der so erhaltenen Schaulinien wurden längs jeder Gleitlinie Punkte eingerechnet, die Fächerwinkeln von $3°$ zu $3°$ entsprechen. Zwischen je zwei Gleitlinien konnten dann vier weitere eingezeichnet werden, so daß ein genügend dichtmaschiges Netz entstand.

Dieses Netz wurde nun zur zeichnerischen Ermittlung sämtlicher Gleitlinienfelder beim Ziehen benutzt, die in den Abbildungen 2a bis e zusammengestellt sind. Dabei war folgendes zu beachten. Durch die Neigung der Ziehholwandung gegen die Stabachse muß das Gleitlinienfeld asymmetrisch werden, und zwar muß der am Düsenaustritt liegende Kreisfächer einen größeren Winkel haben als der am Eintritt liegende. Der Unterschied der Fächerwinkel ist gerade gleich dem halben Ziehholöffnungswinkel α, wie nach einem Lehrsatz von H.HENCKY [26] leicht zu beweisen ist. Dieser Satz besagt, daß der Winkel, den die Tangenten an zwei bestimmten Gleitlinien der einen Schar in ihren Schnittpunkten mit einer Gleitlinie der zweiten Schar miteinander bilden, von der Wahl jener schneidenden Gleitlinie der zweiten Art unabhängig ist. Damit ist man in der Lage, den Berührungspunkt des Feldes mit der Symmetrielinie der Fließebene anzugeben.

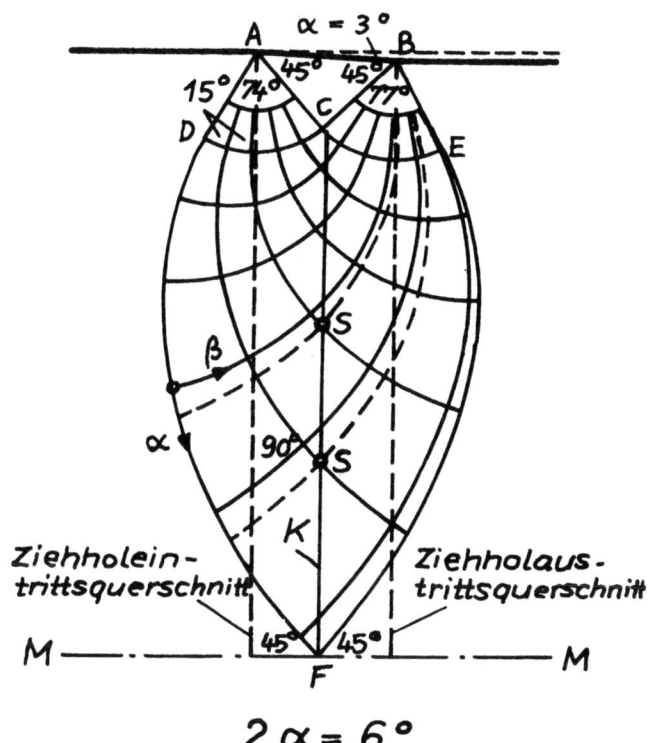
$2\alpha = 6°$

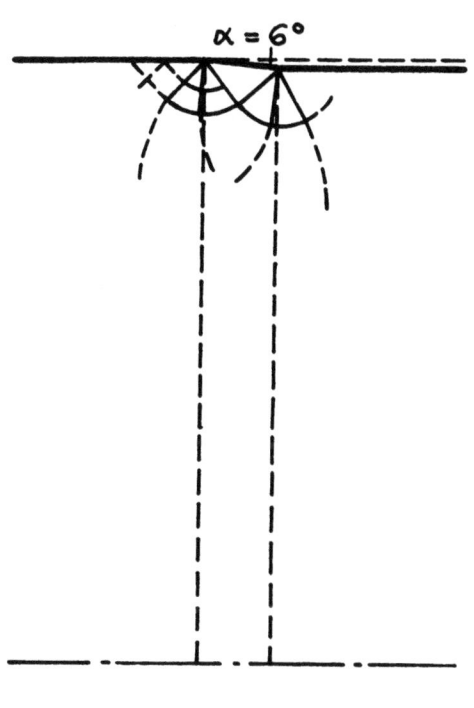
$2\alpha = 12°$

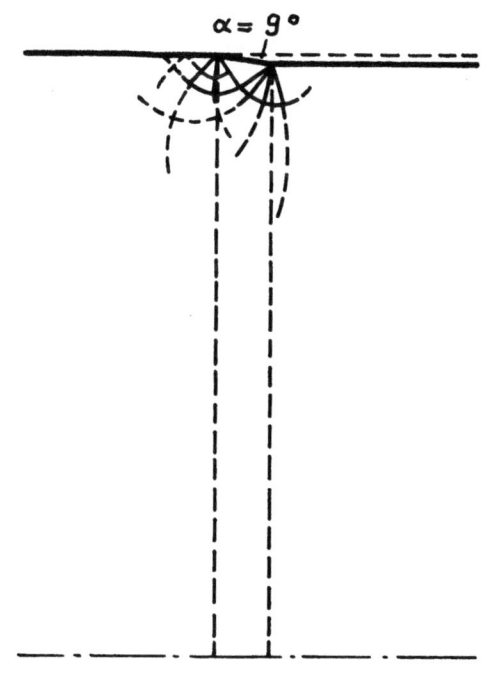
$2\alpha = 18°$

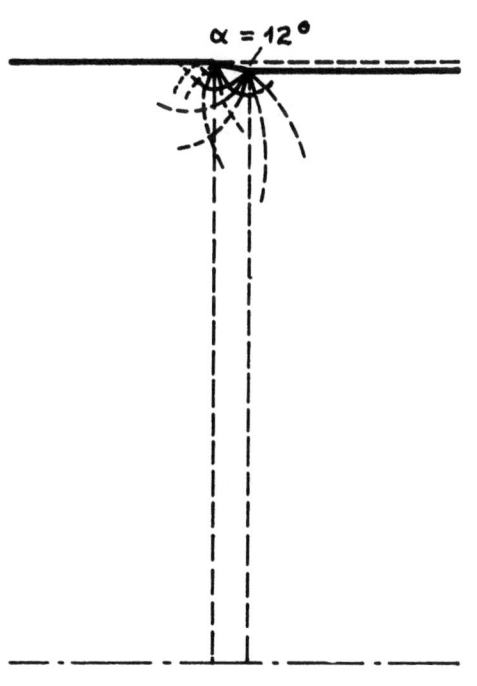
$2\alpha = 24°$

Abbildung 2a

Gleitlinienfelder beim Ziehen mit verschiedenen Ziehholöffnungswinkeln;
$\varepsilon_F = 2,5\%$, $\varepsilon_h = 1,26\%$

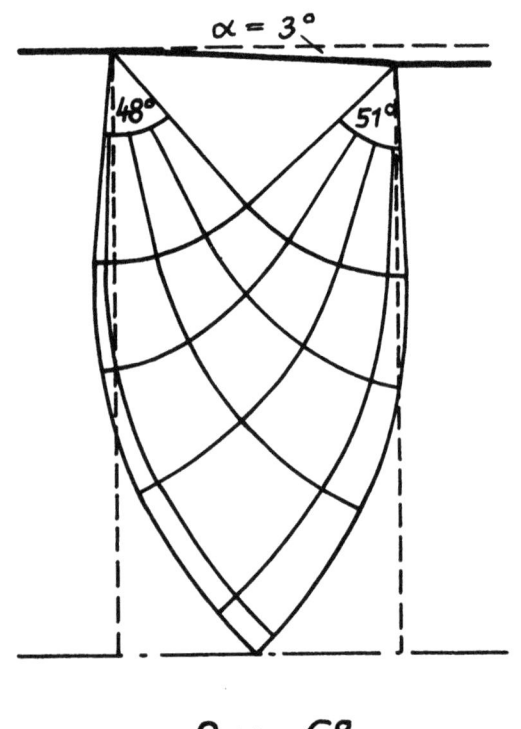
$2\alpha = 6°$

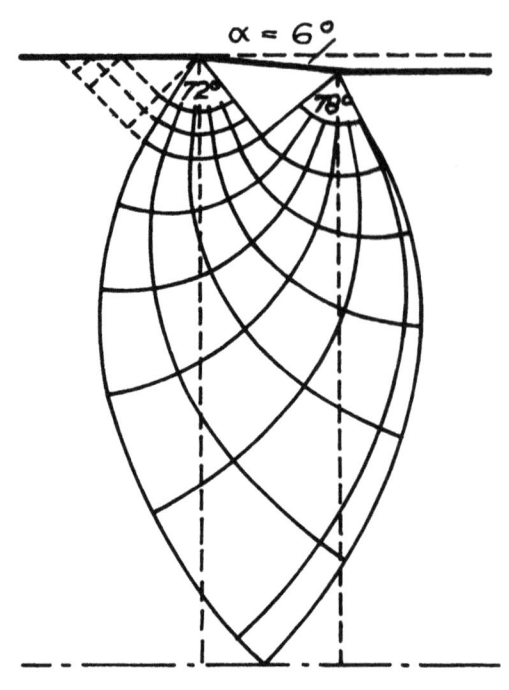
$2\alpha = 12°$

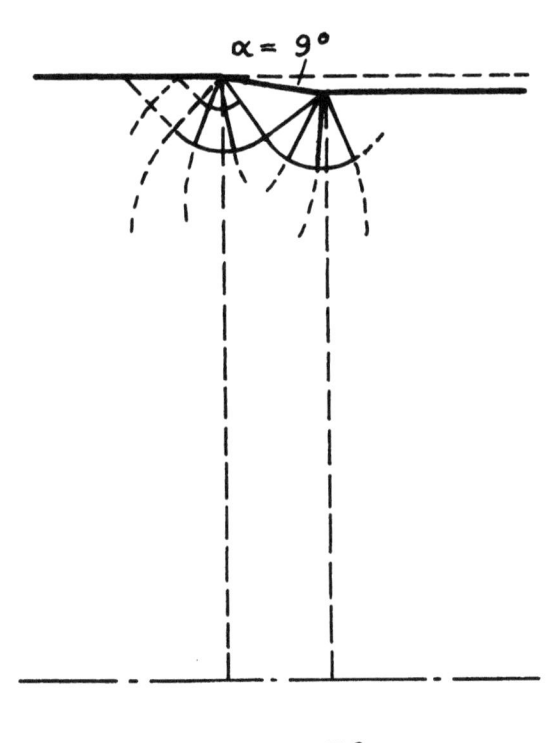
$2\alpha = 18°$

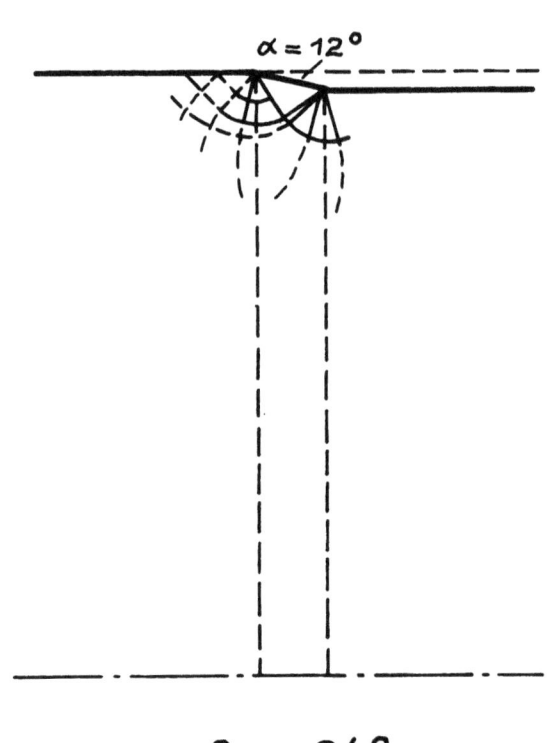
$2\alpha = 24°$

Abbildung 2b

Gleitlinienfelder beim Ziehen mit verschiedenen Ziehholöffnungswinkeln; $\varepsilon_F = 5\%$, $\varepsilon_h = 2,53\%$

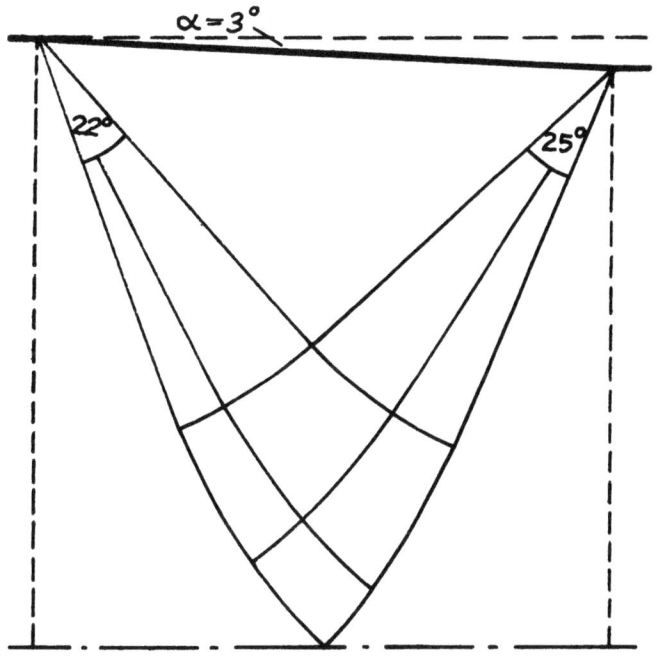
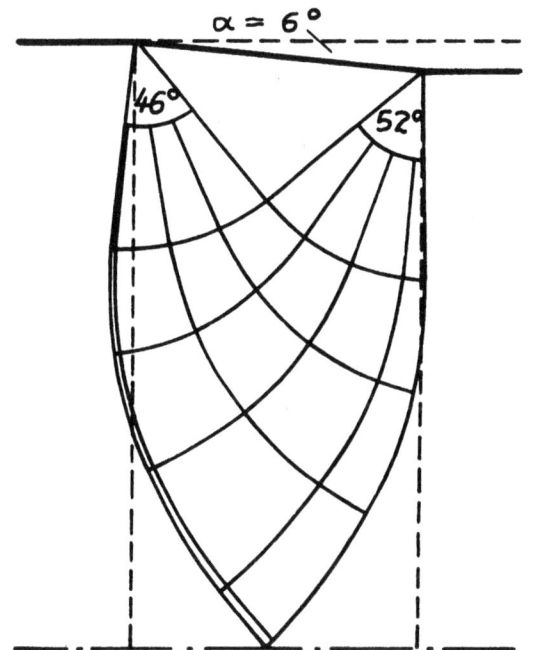
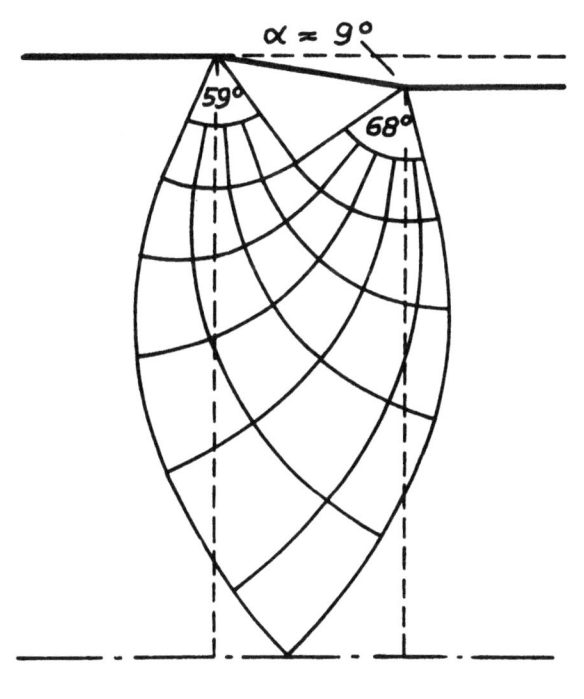
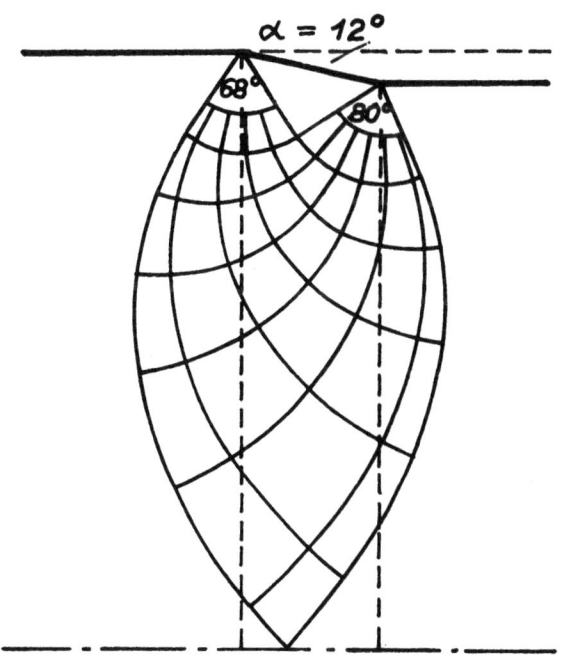

Abbildung 2c

Gleitlinienfelder beim Ziehen mit verschiedenen Ziehholöffnungswinkeln;
$\varepsilon_F = 10\,\%$, $\varepsilon_h = 5,13\,\%$

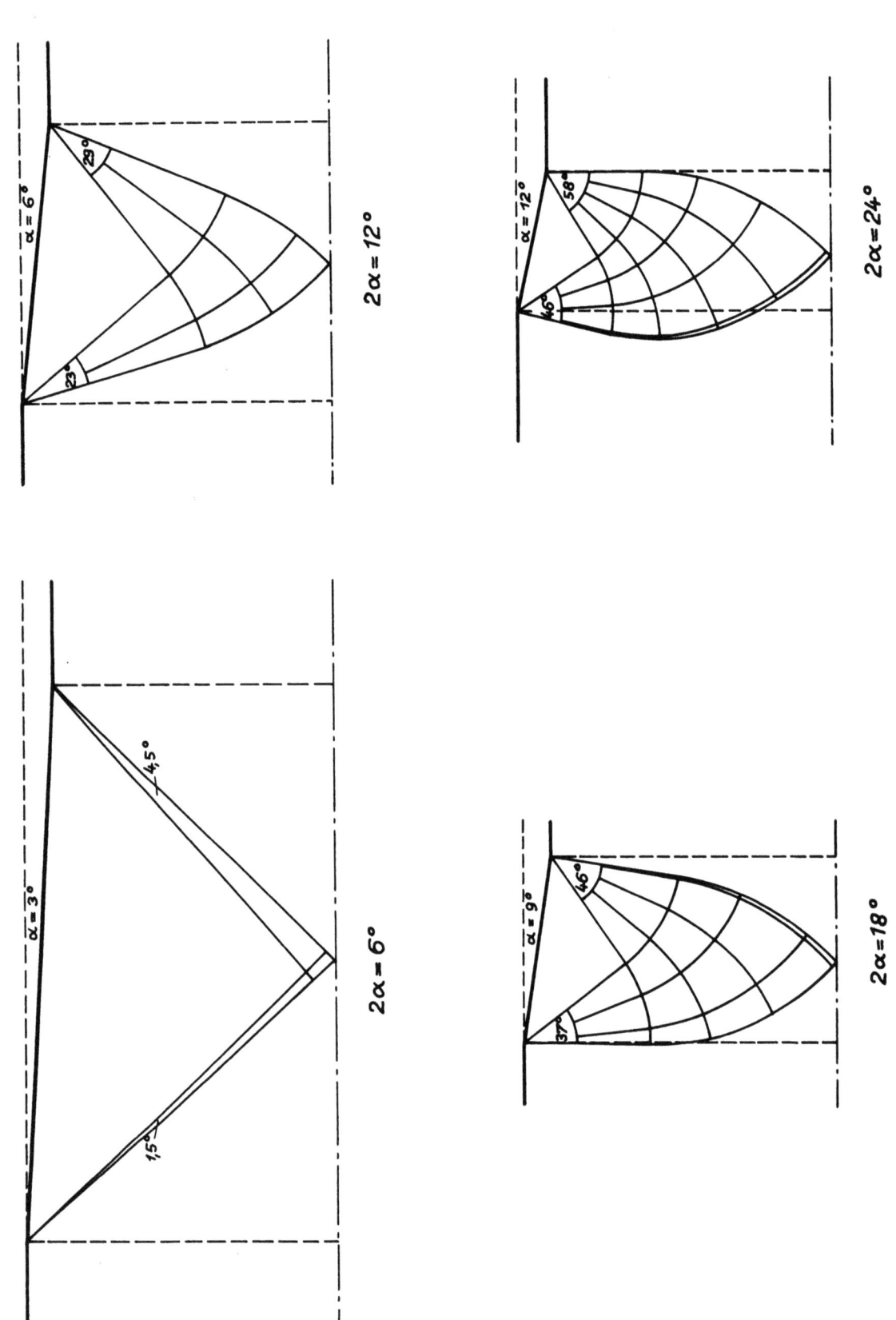

Abbildung 2d

Gleitlinienfelder beim Ziehen mit verschiedenen Ziehholöffnungswinkeln; $\varepsilon_F = 17{,}5\ \%$, $\varepsilon_h = 9{,}2\ \%$

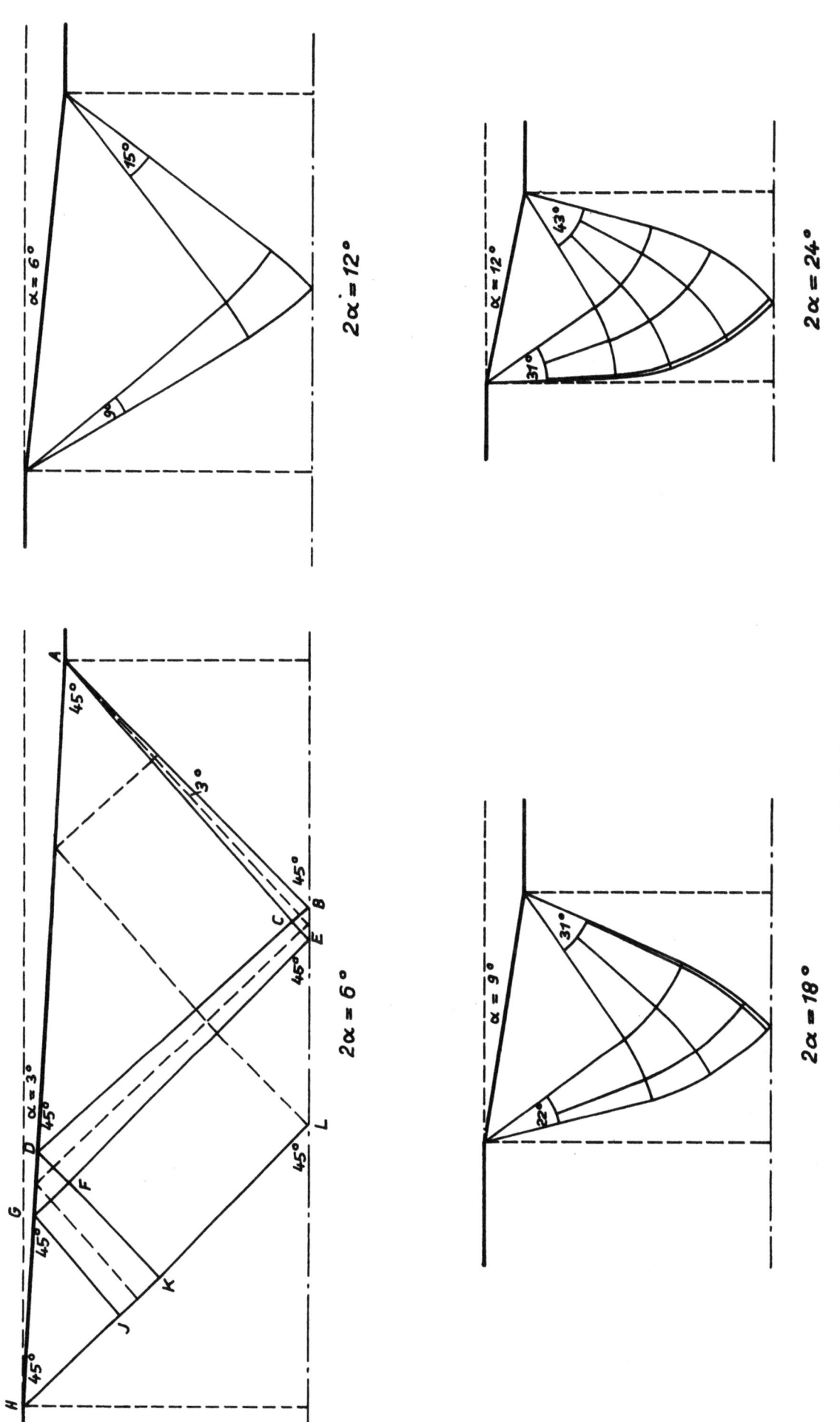

Abbildung 2e

Gleitlinienfelder beim Ziehen mit verschiedenen Ziehholöffnungswinkeln; $\varepsilon_F = 25\,\%$, $\varepsilon_h = 13,5\,\%$

Man erhält ihn nach Abbildung 2a als Schnittpunkt F der Symmetrielinie M-M mit einer Kurve K, die die Schnittpunkte S von jeweils zwei sich um einen Fächerwinkel α unterscheidenden Gleitlinien verbindet. Nachdem so die Feldpunkte A, B, C, D, E und F bekannt und die Randlinien ADF und BEF eingezeichnet sind, liegt das Feld in seiner Ausdehnung fest.

In den Abbildungen 2a bis e sind die beim Ziehen mit Ziehholöffnungswinkeln von $6°$, $12°$, $18°$ und $24°$ auftretenden Gleitlinienfelder wiedergegeben. Als Querschnittsabnahmen wurden, wenn man rotationssymmetrische Umformung annimmt, 2,5; 5; 10; 17,5 und 25 % gewählt. Die entsprechenden Dickenabnahmen bei ebener Umformung sind 1,26; 2,53; 5,13; 9,2 und 13,5 %. Daraus darf aber nicht gefolgert werden, daß die Felder beim ebenen und dem entsprechenden rotationssymmetrischen Umformvorgang ohne weiteres gleichzusetzen sind. Darauf soll bei der Behandlung des rotationssymmetrischen Falles (Abschn. 2.3) noch näher eingegangen werden.

Wenn man die das bildsame Gebiet im Schnitt darstellenden Gleitlinienfelder betrachtet, erkennt man zunächst, daß weder die von G.SACHS [1] noch die von E.SIEBEL [6] getroffene Begrenzung der Umformzone durch Geraden bzw. Kreisbögen mit der Plastizitätstheorie übereinstimmen kann. Während sich bei kleinen Ziehholöffnungswinkeln und großen Querschnittsabnahmen die Umformung noch zwischen den das Ziehhol am Ein- und Austritt begrenzenden ebenen Querschnitten vollzieht, greift sie mit wachsendem Ziehholöffnungswinkel und abnehmender Querschnittsabnahme immer mehr auf den Werkstoff vor und hinter dem Ziehwerkzeug über. Diese Ausdehnung in der Längsrichtung kann schließlich so groß werden, daß die Gleitlinien zur Oberfläche des Ziehgutes umschlagen, wie das in den Abbildungen 2a und b für Ziehholöffnungswinkel von $12°$, $18°$ und $24°$ gestrichelt angedeutet ist. Das hat zur Folge, daß die Verformung nur noch die Oberflächenschichten erfaßt, wobei der Werkstoff sich vor der Ziehdüse aufstaucht. Daß diese Erscheinung, die in einem späteren Abschnitt noch eingehend besprochen werden soll, tatsächlich auftritt, spricht für die auf dem Gleitlinienfeld aufgebaute Theorie.

Darüber hinaus zeigen von J.G.WISTREICH [27] durchgeführte Kraftwirkungslinienätzungen an teilweise gezogenen Drähten eine gute Übereinstimmung der Form des Gleitlinienfeldes mit der wirklichen Umformzone. Bei solchen Vergleichen muß jedoch beachtet werden, daß sich zwischen dem Gleitlinienfeld und den starren Werkstoffteilen noch ein Bereich befinden wird, der sich zwar bereits im plastischen Zustand befindet, sich aber noch nicht oder nicht mehr verformt. Deshalb wird sich in der Mitte des Ziehstabes anstelle der theoretischen Feldspitze stets ein mehr oder weniger ausgedehnter plastischer Bereich ausbilden.

Das bisher besprochene Gleitlinienfeld gilt nur bis zu einer gewissen Grenze, bei der der am Ziehholeintritt liegende Kreisfächer gerade verschwindet und der andere einen Winkel α einschließt. Läßt man bei konstant gehaltenem α die Querschnittsabnahme noch größer werden, dann ergeben sich Felder, die die Mittellinie längs einer Strecke durchsetzen. Abbildung 2e zeigt ein solches Feld für eine Querschnittsabnahme von 25 % und einen Ziehholöffnungswinkel von $6°$.

In den nachfolgenden Berechnungen des Spannungszustandes soll nur der zuerst genannte Feldtyp berücksichtigt werden, da in dem Bereich, in dem der zweite Feldtyp gilt, d.h. für lange schlanke Ziehhole, die Umformung so homogen sein wird, daß mit genügender Genauigkeit die elementare Theorie von G.SACHS [1] angewandt werden kann.

2.23 Spannungsbeziehungen längs der Gleitlinien

Nachdem im voraufgegangenen Abschnitt der Verlauf der Gleitlinien für eine Reihe von Ziehbedingungen beschrieben worden ist, soll nun der Spannungszustand in der Umformzone berechnet werden. Es wird dabei zweckmäßig sein, die Verteilung der Spannungen zunächst längs der Ränder des Gleitlinienfeldes zu ermitteln. Um daran anschließend Aufschluß über die im Inneren des bildsamen Bereiches herrschenden Spannungen zu erhalten, soll dann längs der Bahnlinien vorgegangen werden. Darunter sind die Wege der Werkstoffteilchen durch die Umformzone zu verstehen. Sie fallen, da es sich beim Ziehen um einen stationären Umformvorgang handelt, mit den Stromlinien zusammen, die in jedem Zeitpunkt die Richtung des Werkstoffflusses angeben.

Als Koordinatensystem wird nach Abbildung 3 ein rechtwinkliges x,y,z-System eingeführt, dem das später für den rotationssymmetrischen Fall benutzte r,ϑ,z-System gegenübergestellt ist.

Da das Gleitlinienfeld in bezug auf die Stabachse symmetrisch ist, genügt es, jeweils nur eine Hälfte des Feldes zu berechnen.

Um die längs der Gleitlinien gültigen Spannungsbeziehungen anwenden zu können, ist es wichtig, die beiden Scharen aufeinander senkrecht stehender Gleitlinien zu unterscheiden. Sie werden nach R.HILL [13] α- und β-Linien genannt und sind wie folgt aufzufinden. Wenn die α- und β-Linien

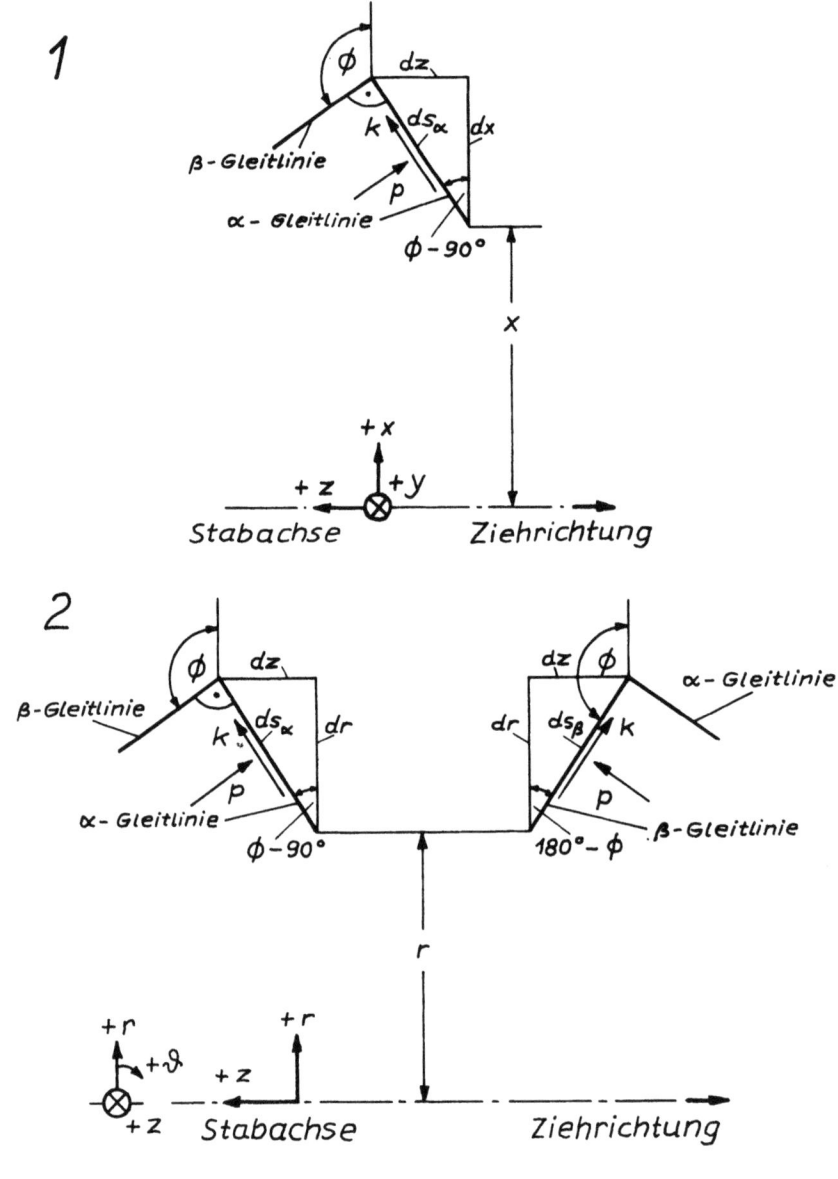

Abbildung 3

Zur Berechnung des Spannungszustandes aus dem Gleitlinienfeld:
1 bei ebener Umformung
2 bei rotationssymmetrischer Umformung

als die Achsen eines Kurvenkoordinatensystems (Abb. 2a) angesehen werden, dann liegt die Richtung der algebraisch größten Hauptnormalspannung im ersten und dritten Quadranten dieses Systems. Wendet man diese Regel auf das Gleitlinienfeld beim Ziehen an, dann folgt, daß die α-Linien vom Mittelpunkt des Kreisfächers am Eintritt, die ß-Linien vom Mittelpunkt desjenigen am Austritt der Ziehdüse ausgehen.

Betrachten wir nun in Anlehnung an R.HILL und S.J.TUPPER [15] einen kleinen Ausschnitt aus der α-Linie, die das Feld zu dem noch nicht verformten Stabteil hin abgrenzt (Abb.3). Längs ds_α wirkt die maximale Schubspannung k, quer dazu der mittlere Druck p. Die in der z-Richtung übertragene Kraft, auf die Breite des Werkstückes bezogen, ist dann

$$dP_z = k\,dz - p\,dx \quad . \tag{3}$$

Wenn kein Rückwärtszug vorliegt, muß sein

$$\int_{x=0}^{\frac{h_o}{2}} dP_z = \int_0^{\frac{h_o}{2}} \left(k\frac{dz}{dx} - p \right) dx = 0 \quad . \tag{4}$$

Mit $\frac{dz}{dx} = \text{tg}\,(\emptyset - 90°) = -\text{ctg}\,\emptyset$ und $\frac{p}{2k} = \omega$ folgt weiter

$$\int_0^{\frac{h_o}{2}} \left(\frac{1}{2}\text{ctg}\,\emptyset + \omega \right) dx = 0 \quad . \tag{5}$$

Zwischen dem Richtungswinkel $\emptyset$ und dem mittleren bezogenen Druck ω bestehen nach H.HENCKY [26] die Beziehungen

$$\begin{aligned} \omega + \emptyset &= c_\alpha = \text{konst.} \\ & \quad \text{längs einer } \alpha\text{-Gleitlinie,} \\ \omega - \emptyset &= c_\beta = \text{konst.} \\ & \quad \text{längs einer } \beta\text{-Gleitlinie,} \end{aligned} \tag{6}$$

die sich aus den längs der Gleitlinien angesetzten Gleichgewichtsbedingungen ergeben.

Setzt man die erste dieser beiden Gleichungen in das Integral ein und führt die Integration aus, dann erhält man für die Konstante längs der α-Randlinie

$$c_{\alpha_\text{Rand}} = \frac{2}{h_o}\int_0^{\frac{h_o}{2}} \left(\emptyset - \frac{1}{2}\text{ctg}\,\emptyset \right) dx \quad . \tag{7}$$

Der Wert des Integrals läßt sich aus dem Verlauf der Gleitlinien leicht graphisch errechnen.

Nachdem c_{α_Rand} bekannt ist, läßt sich sofort auch c_{β_Rand} längs der am Düsenaustritt liegenden Randlinien angeben. An der Spitze des Feldes ist nämlich $\emptyset = (3/4)\pi$. Damit wird

$$c_{\beta_{Rand}} = c_{\alpha_{Rand}} - \frac{3}{2}\pi \quad . \tag{8}$$

Aus den Gleichungen (6) kann nun für jeden Punkt des Feldrandes der bezogene mittlere Druck ω berechnet werden.

Durch die Größe ω wird die Art des vorliegenden Spannungszustandes eindeutig gekennzeichnet. Stellt man nämlich einen plastischen Spannungszustand durch den Mohrschen Kreis dar, dann erkennt man, daß ω gleich dem negativen Verhältnis zwischen dem Abstand des Kreismittelpunktes vom Koordinatenursprung und dem Kreisdurchmesser ist, der in allen Fällen gleich 2k ist. Dabei ist zu beachten, daß der Abstand des Kreismittelpunktes nach rechts positiv und nach links negativ zu zählen ist.

Die in Richtung der Stabachse und die quer dazu wirkenden Spannungen ergeben sich aus den folgenden Gleichungen, die sich leicht aus dem Mohrschen Kreis ableiten lassen

$$\begin{aligned} \frac{\sigma_z}{2k} &= -\omega - \frac{1}{2}\sin 2\emptyset \\ \frac{\sigma_x}{2k} &= -\omega + \frac{1}{2}\sin 2\emptyset \\ \frac{\tau_{xz}}{2k} &= \frac{1}{2}\cos 2\emptyset \end{aligned} \tag{9}$$

Daraus ist zu ersehen, daß die Größen ω und ∅ den auf das x,z-System bezogenen Spannungszustand vollständig beschreiben.

2.24 Einfluß der Dickenabnahme und des Ziehholöffnungswinkels auf den Spannungszustand

Berechnungsbeispiele

Mit Hilfe der oben abgeleiteten Beziehungen wurden nun die Spannungszustände an den Rändern der im Abschnitt 2.22 gefundenen Gleitlinienfelder berechnet.

Abbildung 4a zeigt beispielsweise die für einen Ziehholöffnungswinkel von 12° und für vier verschiedene Dickenabnahmen erhaltenen Verläufe. Die Längsspannungen steigen danach vom Rande des Werkstücks zur Mitte hin an, wobei bemerkenswert ist, daß für die kleineren Dickenabnahmen Drucklängsspannungen in den Randzonen vorliegen. Mit wachsenden Dickenabnahmen nimmt der Unterschied zwischen Rand- und Kernspannungen immer mehr ab, d.h. die Verteilung der Spannungen über dem Querschnitt wird immer gleichförmiger. Die am Austritt aus der Umformzone herrschenden Spannungen sind stets größer als die am Eintritt, da sie ja der äußeren

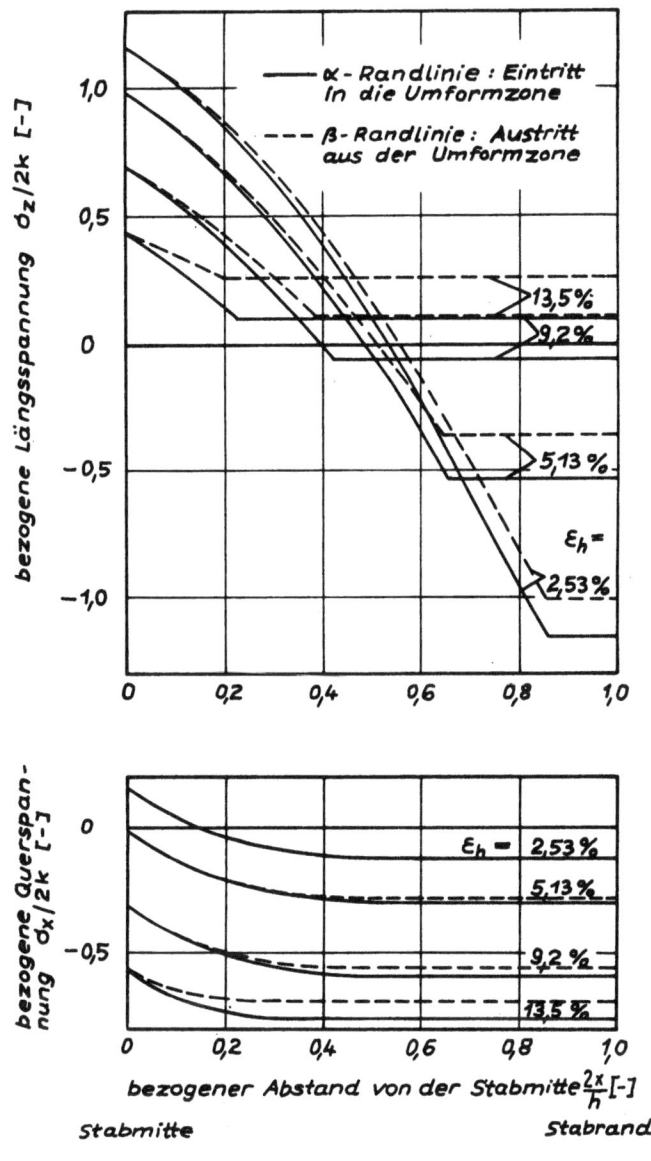

Abbildung 4a

Spannungszustand am Rande des Gleitlinienfeldes;
ebene Umformung, $2\alpha = 12°$

Ziehspannung das Gleichgewicht halten müssen. Die Abweichungen sind aber nicht sehr groß, weil das Feld nur wenig asymmetrisch ist. Der Knick in den Schaulinien entspricht im Feldbild dem Übergang der Gleitlinien vom geradlinigen Teil im Kreisfächer zum gekrümmten im übrigen Feld. Längs des geraden Teils herrscht ein gleichbleibender Spannungszustand, was nach den Gleichungen (6) sofort einzusehen ist.

Die Querspannungen sind Druckspannungen, die vom Rand ausgehend zunächst gleich bleiben, dann aber zur Mitte hin langsam abgebaut werden. Dieser Abbau kann bei kleinen Dickenabnahmen sogar zu Zugspannungen im Kern führen, so daß hier dann ein zweiachsiger Zugspannungszustand vorliegt.

Die wiederum für beide Feldränder eingezeichneten Schaulinien unterscheiden sich noch weniger als die entsprechenden Längsspannungsverläufe. Für kleine Abnahmen fallen sie in den Grenzen der Zeichengenauigkeit ganz zusammen.

Ähnliche Ergebnisse fanden sich auch für 6°, 18° und 24° Ziehholöffnungswinkel.

Um den Einfluß des Ziehholöffnungswinkels besser erkennen zu können, wurden in Abbildung 4b die für eine Dickenabnahme von 5,13 % gefundenen Zusammenhänge noch einmal in Abhängigkeit vom Ziehholöffnungswinkel aufgetragen. Man erkennt, daß mit wachsendem Winkel die Längsspannungen

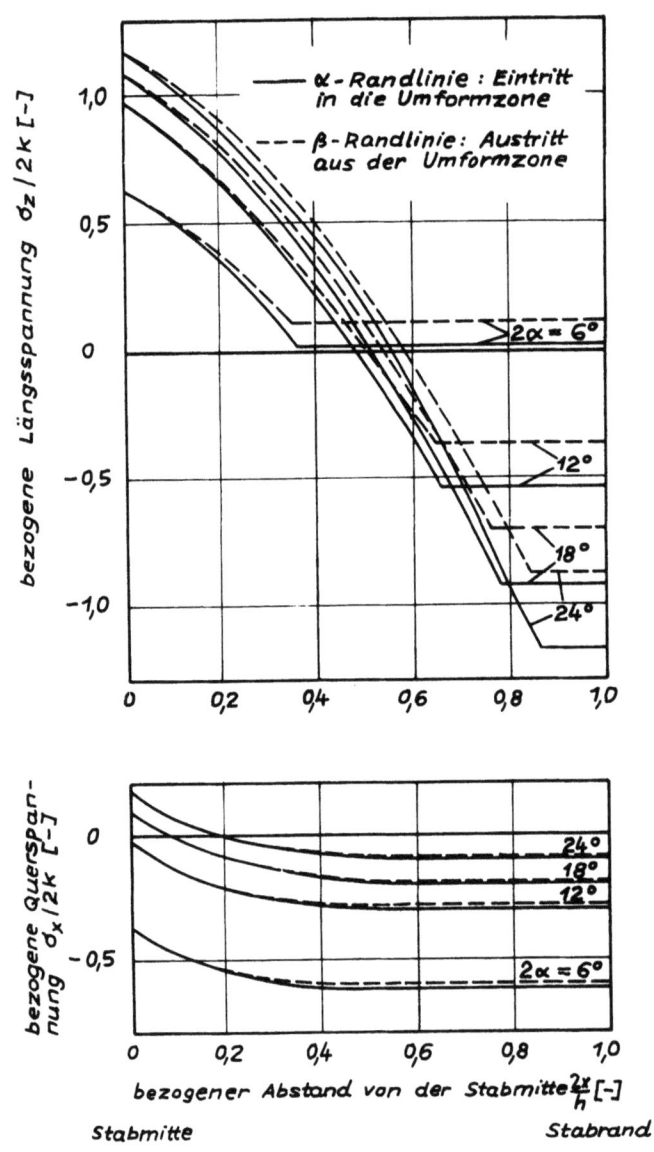

Abbildung 4b

Spannungszustand am Rande des Gleitlinienfeldes;
ebene Umformung, ε_h = 5,13 %

immer ungleichmäßiger werden. Entsprechend dem Anstieg der Längsspannungen in der Mitte des Ziehgutes verlagern sich die um die Formänderungsfestigkeit kleineren Querspannungen mehr und mehr zum Zuggebiet, bis sie es für Winkel von 18° und 24° schließlich erreichen. Da ferner mit wachsendem Winkel auch die Asymmetrie des Gleitlinienfeldes größer wird, liegen die längs des Eintritts- und Austrittsrandes des Feldes gültigen Schaulinien immer weiter auseinander.

Zusammenfassend läßt sich also aussagen, daß mit wachsendem Ziehholöffnungswinkel und abnehmender Dickenabnahme der Spannungszustand ungleichförmiger und damit die Abweichung vom homogenen Werkstofffluß immer größer wird.

Bisher wurde noch nichts über die Schubspannungen τ_{xz} ausgesagt. Sie sind nach Gleichung (9) gleich den im rotationssymmetrischen Fall auftretenden Schubspannungen τ_{rz}, wenn man in beiden Fällen gleiche Gleitlinienfelder voraussetzt. Ihr Verhalten soll deshalb bei der Behandlung des rotationssymmetrischen Falles besprochen werden.

Nun soll untersucht werden, wie sich die Spannungen längs der Bahnlinien ändern, d.h. beim Durchgang des Werkstoffes durch das Gleitlinienfeld. Um die Rechnung zu vereinfachen, wird der Verlauf der Bahnlinien durch das Feld geradlinig angenommen, wie in Abbildung 5 gestrichelt angedeutet ist. Inwieweit diese Annahme zulässig ist, soll weiter unten erörtert werden.

Für das Berechnungsbeispiel wurde eine Dickenabnahme von 5,13 % und ein Ziehholöffnungswinkel von 12° gewählt. Die dazugehörige Umformzone ist in Abbildung 5 dargestellt. Zunächst wurden wieder in der beschriebenen Weise die Konstanten c_α und c_β längs der α-Randlinie und davon ausgehend längs der um Fächerwinkel von 6° auseinanderliegenden ß-Linien bestimmt. Die ß-Linien sind in Abbildung 5 aus Gründen besserer Übersicht weggelassen worden. In den Schnittpunkten der ß-Linien mit den Bahnlinien wurde dann der Richtungswinkel $\emptyset$ gemessen. Dazu wurde mit Erfolg das Derivimeter der Firma A.Ott, Kempten, benutzt, das Winkelablesungen mit einer mittleren Genauigkeit von $\pm$ 0,2° gestattet. Damit konnte nun für jeden solchen Punkt der bezogene mittlere Druck ω und weiter der vollständige auf 2k bezogene Spannungszustand errechnet werden.

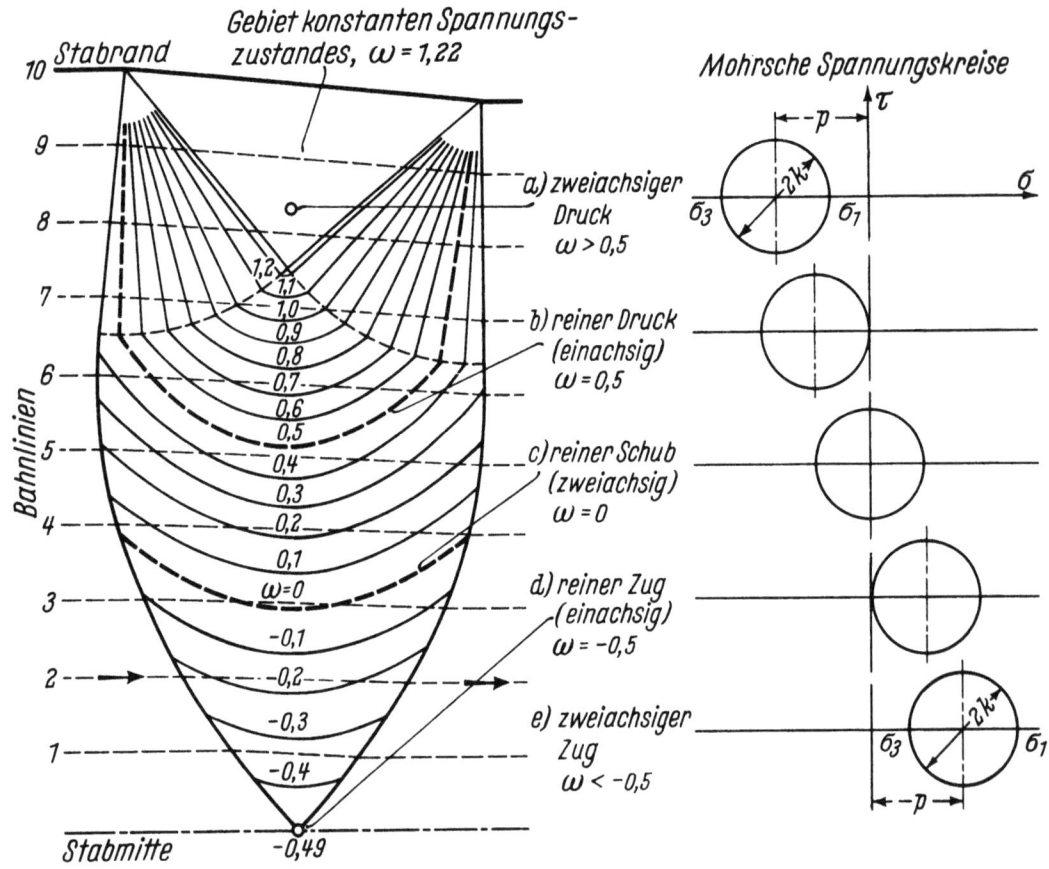

Abbildung 5

Umformzone beim ebenen Ziehen mit Linien gleichen bezogenen mittleren
Drucks $\omega = p/2k$ (Isobarenfeld);
$\varepsilon_h = 5,13 \%$, $2\alpha = 12°$

In Abbildung 6 sind die erhaltenen Werte längs fünf verschiedener Bahnlinien aufgetragen, deren Bezeichnungen aus Abbildung 5 hervorgehen. Die Querspannung σ_x durchläuft danach etwa in der Mitte des Feldes, d.h. bei etwa halbem Weg eines Teilchens, einen absoluten Höchstwert.

Die Längsspannungen steigen erwartungsgemäß im wesentlichen vom Eintritt zum Austritt hin algebraisch an. Längs der Bahnlinien 7 und 9 liegen sie im Druckgebiet. Zur Erklärung dafür kann die Keilwirkung des Dreiecksfeldes angeführt werden, die versucht, den Werkstoff in der Längsrichtung des Werkstückes wegzudrücken. Dagegen leisten die noch starren Teile des Ziehgutes Widerstand, und es entstehen Druckspannungen in der Längsrichtung. Je mehr man sich der Mitte des Werkstückes nähert, desto stärker wird die in Abbildung 5 am rechten Rand anliegende Zugwirkung, so daß längs der Bahnlinien 3 und 1 Längszugspannungen auftreten. Bei der Bahnlinie 5 erfolgt gerade der Übergang. Hier halten sich die Druckwirkung der Ziehholwand und die Zugwirkung der Ziehmaschine gerade die Waage.

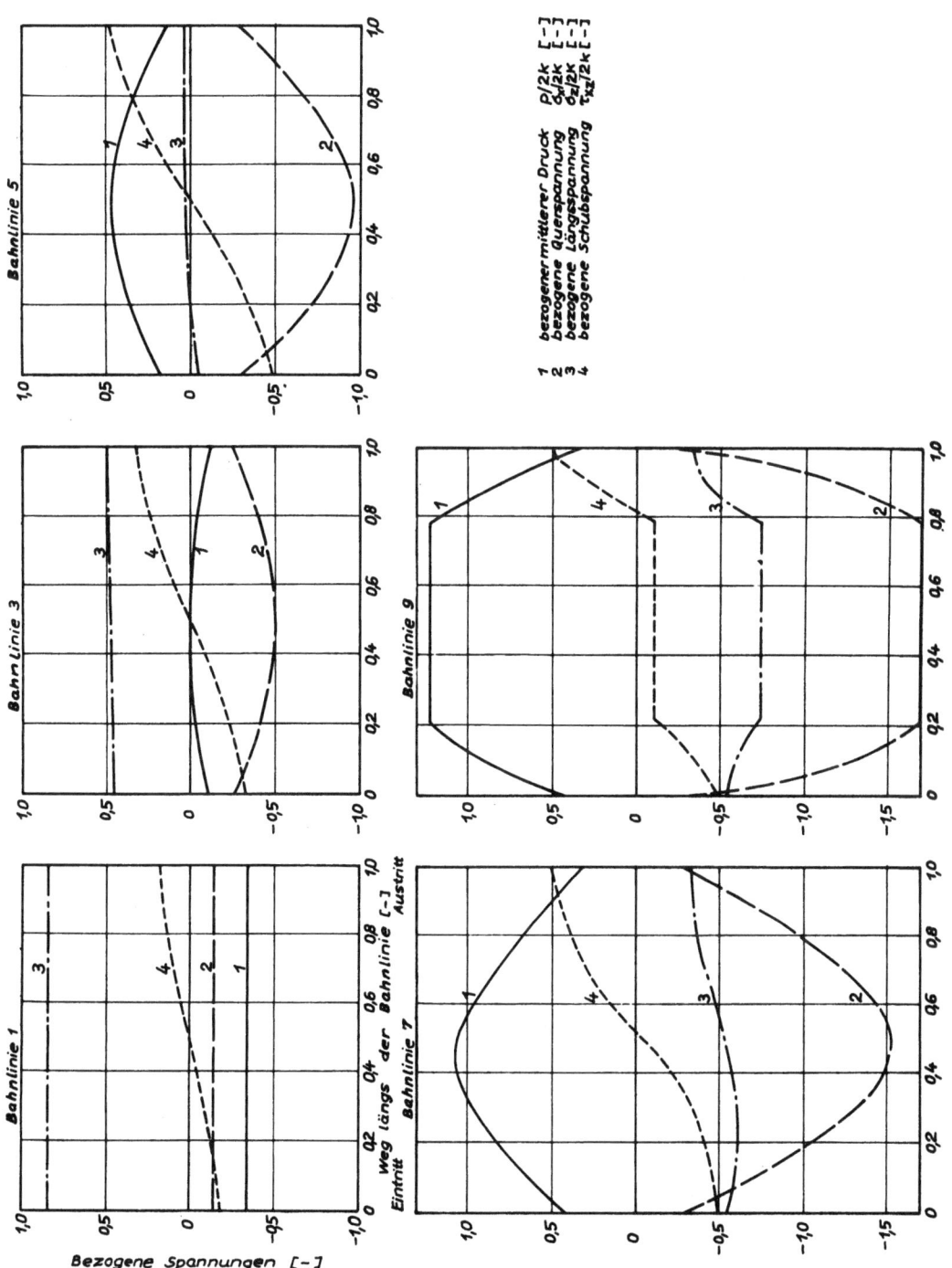

Abbildung 6

Spannungsverlauf längs der Bahnlinien beim Durchgang durch die Umformzone; ebene Umformung, $\varepsilon_h = 5{,}13\ \%,\ 2\alpha = 12°$

Die Schubspannungen sind an den Rändern des Feldes am größten. Sie erreichen dort bei den drei äußeren Bahnlinien 5, 7 und 9 fast ihren Höchstwert k. Etwa in der Mitte des Feldes gehen sie längs aller Bahnlinien durch Null und wechseln dabei ihr Vorzeichen. Aus diesem Verlauf erklärt sich das Schiebungsverhalten eines die Umformzone durchlaufenden Teilchens. Die beim Eintritt erlittene Schiebung wird zum Teil wieder rückgängig gemacht, nachdem die Schubspannung ihre Richtung umgekehrt hat. Auf diese Weise wird die Schiebungsarbeit größer, als man sie nach dem Endzustand des gezogenen Werkstückes erwarten würde. Diese Feststellung läßt sich unmittelbar im Versuch zeigen, wenn man nach E.SIEBEL und H. HÜHNE [28] längsgeteilte Stäbe zieht, die auf einer Schnittebene mit einem eingeritzten Gitternetz versehen worden sind (s. beispielsweise Abb. 7).

Die längs der Bahnlinie 9 erhaltenen geraden Abschnitte in den Spannungsverläufen erklären sich dadurch, daß hier das Dreiecksfeld durchlaufen wird. Da in diesem Feldteil beide Gleitlinienscharen Geraden sind, herrscht in ihm nach den Gleichungen (6) ein gleichbleibender Spannungszustand. Ferner kann man nach H.GEIRINGER [29] zeigen, daß der durch das Dreiecksfeld hindurchfließende Werkstoff sich zwar im plastischen Zustand befindet, sich aber ansonsten wie ein starrer Körper verhält. Vermutlich erklärt sich daraus die häufig gemachte Feststellung, daß die größten Schiebungen nicht an der Ziehgutoberfläche, sondern etwas darunter auftreten.

Einen recht guten Überblick über die beim Ziehen vorliegenden Beanspruchungen des Werkstoffes in der Umformzone gewinnt man, wenn man, wie in Abbildung 5 bereits geschehen, Linien gleichen bezogenen mittleren Druckes ω in das Gleitlinienfeld einzeichnet und zur Veranschaulichung der erhaltenen Spannungszustände die zugehörigen Mohrschen Spannungskreise heranzieht. Das Beispiel zeigt, wie vom Dreieck gleichen Spannungszustandes ausgehend der mittlere Druck immer kleiner wird, je tiefer man in den Werkstoff eindringt. Während im Dreiecksfeld mit $\omega = 1,22$ ein zweiachsiger Druckspannungszustand vorliegt, herrscht in der Mitte des Werkstückes mit $\omega = -0,49$ fast ein einachsiger Zug. Dazwischen liegen, durch dick gestrichelte Linien hervorgehoben, bei $\omega = 0,5$ einachsige Druckspannungszustände und bei $\omega = 0$ für reine Schiebung geltende Spannungszustände vor. In der Mitte des Ziehgutes können - wie schon erwähnt - auch zweiachsige Zugspannungszustände vorkommen.

Zusammengefaßt besagen diese Ergebnisse hinsichtlich der Werkstoffbeanspruchung folgendes: Beim Ziehen zwischen flachen Werkzeugen können durch die Wechselwirkung zwischen der außen angelegten Ziehkraft und der die Umformung einleitenden Reaktionsdruckkraft der Werkzeugwandung sämtliche Spannungszustände zwischen zweiachsigem Druck und zweiachsigem Zug auftreten.

2.3 Behandlung als rotationssymmetrischer Umformvorgang

2.31 Grundsätzliches

Während das ebene Ziehen noch mit verhältnismäßig wenig Rechenaufwand exakt behandelt werden konnte, ist die Berechnung des Spannungszustandes beim Ziehen von runden Stangen mit erheblichen Schwierigkeiten verbunden.

Hierbei tritt neben der Radialspannung σ_r, der Längsspannung σ_z und der Schubspannung τ_{rz} als vierte unbekannte Spannung noch die Tangentialspannung σ_ϑ auf. Als statische Gleichungen stehen aber nur die Gleichgewichtsbedingungen in der Radial- und Längsrichtung und die Fließbedingung zur Verfügung. Es liegt also eine statisch unbestimmte Aufgabe vor. Um sie zu lösen, ist es schon bei der Berechnung des Spannungsfeldes nötig, die von M.LEVY [30] und R.v.MISES [31] aufgestellten Spannungs-Verzerrungs-Beziehungen heranzuziehen.

Wie R.HILL [32] nachgewiesen hat, sind die so erhaltenen Differentialgleichungen nicht mehr wie beim ebenen Ziehen vom hyperbolischen Typ. Infolgedessen sind ihre Charakteristiken nicht mehr reell und können nicht mehr mit den Gleitlinien übereinstimmen.

T.F.JORDAN und E.G.THOMSEN [33] haben jedoch durch visioplastische Versuche beim rotationssymmetrischen Fließpressen von längsgeteilten und mit einem eingeritzten Gitternetz versehenen Proben festgestellt, daß das Gleitlinienfeld des ebenen Falles näherungsweise auch zur Berechnung der rotationssymmetrischen Umformung dienen kann.

Zu demselben Schluß kam A.ISHLINSKY [34] bei der Untersuchung des Eindringens eines zylindrischen Preßstempels mit ebener Stirnfläche in ein ebenes Werkstück.

In Anlehnung an diese Arbeiten sollen deshalb auch beim vorliegenden Fall des Ziehens durch ein kegeliges Ziehhol die für den ebenen Fall ermittelten Gleitlinienfelder den folgenden Berechnungen zugrunde gelegt werden.

2.32 Spannungsbeziehungen längs der Gleitlinien

Zur Berechnung der Spannungen beim rotationssymmetrischen Ziehen wurden oben bereits Zylinderkoordinaten r, ϑ und z eingeführt (Abb.3). Für dieses System lauten die Gleichgewichtsbedingungen

$$\frac{\partial \sigma_r}{\partial r} + \frac{\partial \tau_{rz}}{\partial z} + \frac{\sigma_r - \sigma_\vartheta}{r} = 0$$

$$\frac{\partial \tau_{rz}}{\partial r} + \frac{\partial \sigma_z}{\partial z} + \frac{\tau_{rz}}{r} = 0 \quad . \tag{10}$$

Die Fließbedingung nach R.v.MISES [31] ergibt

$$(\sigma_r - \sigma_\vartheta)^2 + (\sigma_\vartheta - \sigma_z)^2 + (\sigma_z - \sigma_r)^2 + 6\tau_{rz}^2 = 6k^2 \quad . \tag{11}$$

Die Spannungs-Verzerrungs-Beziehungen von M.LEVY [30] und R.v.MISES [31] sind

$$\dot{\varepsilon}_r = \frac{\partial v_r}{\partial r} = \lambda(2\sigma_r - \sigma_\vartheta - \sigma_z)$$

$$\dot{\varepsilon}_\vartheta = \frac{v_r}{r} = \lambda(2\sigma_\vartheta - \sigma_z - \sigma_r)$$

$$\dot{\varepsilon}_z = \frac{\partial v_z}{\partial z} = \lambda(2\sigma_z - \sigma_r - \sigma_\vartheta) \tag{12}$$

$$2\dot{\gamma}_{rz} = \frac{\partial v_r}{\partial z} + \frac{\partial v_z}{\partial r} = 6\lambda\tau_{rz} \quad .$$

Damit stehen für die Ermittlung der sieben Unbekannten σ_r, σ_ϑ, σ_z, τ_{rz}, v_r, v_z und λ sieben Gleichungen zur Verfügung. Deren Lösung ist jedoch in geschlossener Form nicht möglich, da sie auf Differentialgleichungen höherer Ordnung führt.

Eine bessere Anpassung an das vorliegende Problem erreicht man, wenn die Gleichungen (10), (11) und (12) auf die innerhalb einer Meridianebene (ϑ = const) verlaufenden Gleitlinien als Kurvenkoordinaten bezogen werden. Ohne auf die Ableitung näher einzugehen, seien hier nur die von R.HILL [32] gefundenen Endergebnisse mitgeteilt. Erwähnt sei jedoch, daß hierbei anstelle der Gleichung (11) das einfachere Fließkriterium von H.TRESCA [35] gewählt wurde, nach dem $\tau_{max} = k$ ist. Die Gleichgewichtsbedingungen ergeben dann

$$dp + 2k\,d\phi + (\sigma_\vartheta + p - k\,\text{ctg}\,\phi)\frac{dr}{r} = 0$$
längs einer α-Gleitlinie,

$$dp - 2k\,d\phi + (\sigma_\vartheta + p - k\,\text{tg}\,\phi)\frac{dr}{r} = 0$$
längs einer ß-Gleitlinie.
(13)

Darin ist $\sigma_\vartheta + p = \sigma'_\vartheta$ die tangentiale Deviatorspannung, d.h. die Tangentialspannung abzüglich der mittleren Normalspannung $-p = (1/2)(\sigma_r + \sigma_z)$[1]. Setzt man ferner wieder $\frac{p}{2k} = \omega$, dann ergibt die Integration der Gleichungen (13)

$$\omega = -\phi - \int_0^r \left(\frac{\sigma'_\vartheta}{2k} - \frac{1}{2}\text{ctg}\,\phi\right)\frac{1}{r}\,dr + c_\alpha$$
längs einer α-Gleitlinie,

$$\omega = \phi - \int_0^r \left(\frac{\sigma'_\vartheta}{2k} - \frac{1}{2}\text{tg}\,\phi\right)\frac{1}{r}\,dr + c_\beta$$
längs einer ß-Gleitlinie.
(14)

Der Vergleich mit den für den ebenen Fall geltenden Beziehungen zeigt, daß die Gleichungen (13) und (14) sich davon nur durch ein Glied in r unterscheiden. Läßt man in den Gleichungen (13) r unendlich groß werden, dann erhält man als Grenzfall rein formal die Henckyschen Gleichungen für die ebene Umformung. Gleichzeitig geht nach den Gleichungen (12) die tangentiale Verzerrungsgeschwindigkeit $\dot\varepsilon_\vartheta$ gegen Null. Daraus darf jedoch nicht gefolgert werden, daß für $r \to \infty$ die Randbezirke der Umformzone eben umgeformt werden. Wenn man nämlich beim Ziehen oder Einstoßen die Umformzone geometrisch ähnlich über alle Grenzen vergrößert, wobei das Geschwindigkeitsfeld unverändert endlich und stetig differenzierbar bleiben soll, dann verschwindet nicht nur $\dot\varepsilon_\vartheta$, sondern der gesamte Tensor der Verzerrungsgeschwindigkeiten und damit auch der Faktor λ. Die Aussage, daß $\dot\varepsilon_\vartheta = 0$ eine ebene Formänderung bedeutet, ist dann nicht mehr zulässig.

Die Konstante $c_{\alpha\text{Rand}}$ wird wieder aus der Randbedingung errechnet, daß am einlaufenden Ende des Ziehstabes keine äußere Kraft angreift. Für ein Linienelement der α-Randlinie ergibt das Kräftegleichgewicht in der z-Richtung (Abb.3)

---

1. Der Kürze halber soll hier die Bezeichnung Deviatorspannung benutzt werden, obwohl dann nach der üblichen Definition eine mittlere Normalspannung von $(1/3)(\sigma_r + \sigma_\vartheta + \sigma_z)$ abgezogen werden müßte.

$$dP_z = 2r\pi(k\,dz - p\,dr) \quad . \tag{15}$$

Die Integration liefert dann

$$\int_{r=0}^{R_o} dP_z = \int_o^{R_o} 2r\pi\left(k\frac{dz}{dr} - p\right)dr = 0 \quad . \tag{16}$$

Mit $\frac{dz}{dr} = \text{tg}(\emptyset - 90°) = -\text{ctg}\,\emptyset$ und $\frac{p}{2k} = \omega$ folgt weiter

$$\int_o^{R_o} r\left(\frac{1}{2}\text{ctg}\,\emptyset + \omega\right)dr = 0 \quad . \tag{17}$$

Nach Einsetzen von ω aus Gleichung (14) und Auflösen nach c_α erhält man schließlich

$$c_{\alpha_{Rand}} = -\frac{2}{R_o^2}\int_o^{R_o}\left[\frac{1}{2}\text{ctg}\,\emptyset - \emptyset - \int_o^r\left(\frac{\sigma'_\vartheta}{2k} - \frac{1}{2}\text{ctg}\,\emptyset\right)\frac{1}{r}dr\right]r\,dr \quad . \tag{18}$$

Macht man den Halbmesser dimensionslos, indem man $\varrho = r/R_o$ setzt, dann folgt aus Gleichung (18), da $dr/r = d\varrho/\varrho$ und $r\,dr = R_o^2\,\varrho\,d\varrho$ ist,

$$c_{\alpha_{Rand}} = -2\int_o^1\left[\frac{1}{2}\text{ctg}\,\emptyset - \emptyset - \int_o^\varrho\left(\frac{\sigma'_\vartheta}{2k} - \frac{1}{2}\text{ctg}\,\emptyset\right)\frac{1}{\varrho}d\varrho\right]\varrho\,d\varrho \quad . \tag{19}$$

Der Zahlenwert von $c_{\alpha_{Rand}}$ muß auf graphischem Wege ermittelt werden, da $\emptyset(\varrho)$ nicht analytisch gegeben ist.

$c_{\beta_{Rand}}$ ergibt sich nach Gleichung (14), wenn man bei $r = 0$ von der α-Randlinie auf die ß-Randlinie übergeht, wie beim ebenen Ziehen zu

$$c_{\beta_{Rand}} = c_{\alpha_{Rand}} - \frac{3}{2}\pi \quad . \tag{20}$$

Damit können nach Gleichung (14) die mittleren Drücke am Rande der Umformzone errechnet werden.

Die Spannungskomponenten σ_r, σ_z und τ_{rz} ergeben sich wieder aus Gleichung (9). Die Tangentialspannung erhält man schließlich aus der Gleichung

$$\frac{\sigma_\vartheta}{2k} = \frac{\sigma'_\vartheta}{2k} - \omega \quad . \tag{21}$$

2.33 Geschwindigkeitsfeld und tangentiale Deviatorspannung

Die im vorangegangenen Abschnitt aufgestellten Gleichungen enthalten als Unbekannte nur noch die tangentiale Deviatorspannung σ'_ϑ. Ist diese bekannt, dann ist das rotationssymmetrische Problem auf das ebene zurückgeführt.

Zunächst soll die Größe von σ'_ϑ im Kern des Ziehstabes erörtert werden.

Wenn der plastische Bereich die Mittellinie des Stabes längs einer Strecke durchsetzt, dann müssen die Spannungen bei r = 0 innerhalb der Umformzone stetig sein. Aus Gleichung (10) folgt dann, daß für r = 0 $\sigma_r = \sigma_\vartheta$ sein muß, wenn man unendliche Werte von $\frac{\partial \sigma_r}{\partial r}$ ausschließt. Für die hier benutzten Gleitlinienfelder, die die Stabachse nur in einem Punkt berühren, braucht dies nicht mehr zu gelten. Man wird jedoch keinen allzu großen Fehler machen, wenn man auch in diesem Fall in der Stabmitte $\sigma_r = \sigma_\vartheta$ annimmt. Daraus folgt

$$\sigma'_\vartheta = \sigma_\vartheta - \frac{\sigma_r + \sigma_z}{2} = -\frac{1}{2}(\sigma_z - \sigma_\vartheta) \ . \tag{22}$$

Da die auf der rechten Seite stehende Spannungsdifferenz nach dem Trescaschen Fließkriterium gleich 2k ist, erhält man für die bezogene tangentiale Deviatorspannung

$$\frac{\sigma'_\vartheta}{2k} = -\frac{1}{2} \qquad \text{für } r = 0. \tag{23}$$

Nun erhebt sich die Frage, welche Werte σ'_ϑ für $r > 0$ haben wird. Dazu kann man nach A. HAAR und Th. v. KÁRMÁN [36] annehmen, daß ein plastischer Körper seinem Verhalten nach zwischen festen, elastischen Körpern und Flüssigkeiten steht. Sind σ_1, σ_2 und σ_3 die Hauptnormalspannungen, dann läßt sich das mechanische Verhalten eines Körpers ganz allgemein beschreiben durch die Beziehungen

$$|\sigma_1 - \sigma_2| \leq 2k, \quad |\sigma_1 - \sigma_3| \leq 2k, \quad |\sigma_2 - \sigma_3| \leq 2k \ . \tag{24}$$

Bei elastischer Beanspruchung gilt keines der Gleichheitszeichen; bei einer unter hydrostatischem Druck stehenden Flüssigkeit gelten alle drei, woraus $\sigma_1 = \sigma_2 = \sigma_3$ und k = 0 folgt. Der mit einem bzw. zwei gültigen Gleichheitszeichen dazwischen liegende plastische Zustand ist jedoch nach dieser Auffassung nicht eindeutig gekennzeichnet. A. HAAR und Th. v. KÁRMÁN [36] unterscheiden deshalb noch einen "halbplastischen" und einen "vollplastischen" Zustand. Nimmt man zunächst einmal an, daß der Werkstoff beim Ziehen "vollplastisch" sei, dann folgt aus Gleichung (24), daß die Tangentialspannung, die stets eine Hauptspannung ist, einer der in der Fließebene wirkenden Hauptspannungen gleich sein muß. Aus Gleichung (22) erhält man dann wieder, wenn anstelle von σ_r und σ_z die entsprechenden Hauptspannungen gesetzt werden

$$\frac{\sigma'_\vartheta}{2k} = -\frac{1}{2} \qquad \text{für } r \geqq 0. \qquad (25)$$

Damit wird das rotationssymmetrische Problem statisch bestimmt, und die Gleitlinien sind wieder reelle Charakteristiken für die Spannungen.

Durch diese Überlegungen hat man aber gegenüber dem Gleichungssystem (10), (11) und (12) eine weitere Fließbedingung eingeführt. Zu dem berechneten Spannungszustand wird man also im allgemeinen keine Geschwindigkeitsverteilung finden, die den LÉVY-MISES-Gleichungen (12) genügt, weil hiermit nach dem Herauslösen von λ drei unabhängige Gleichungen zu erfüllen sind, aber nur zwei Geschwindigkeitskomponenten vorliegen.

Dies zeigt, daß die Theorie von A.HAAR und Th.v.KÁRMÁN [36] das Verhalten eines plastischen Körpers im allgemeinen nicht richtig wiedergibt. Die tangentiale Deviatorspannung kann demnach nur dann genau bestimmt werden, wenn das Geschwindigkeitsfeld in die Rechnung einbezogen wird.

Diese Zusammenhänge lassen sich besser erkennen, wenn man die Spannungs-Geschwindigkeits-Beziehungen (12) auf die Gleitlinien als Kurvenkoordinaten umrechnet. Dabei ergeben sich nach R.HILL [32] die Gleichungen

$$du - vd\phi + (u + v\,\text{ctg}\,\phi)\frac{dr}{2r} = 0$$
längs einer α-Gleitlinie,

$$dv + ud\phi + (v + u\,\text{tg}\,\phi)\frac{dr}{2r} = 0 \qquad (26)$$
längs einer β-Gleitlinie,

$$d(rw^2) = \frac{6kuv}{\sigma'_\vartheta}\,dr \qquad (27)$$
längs der augenblicklichen Fließrichtung.

Schreibt man die Differentialgleichungen (26) als Differenzengleichungen, dann könnte man von Punkt zu Punkt des Gleitliniengitters fortschreitend das Geschwindigkeitsfeld ermitteln und daraus nach Gleichung (27) die gesuchte Deviatorspannung σ'_ϑ berechnen. Dazu müßte das Gleitlinienfeld aber eine sehr kleine Maschenweite haben, weil sonst - insbesondere bei kleinen Halbmessern - die Fehler zu groß würden. Aus diesem Grunde würde das Geschwindigkeitsfeld nur mit erheblichem Aufwand zu bestimmen sein.

Um dennoch überprüfen zu können, ob sich eine unveränderliche Deviatorspannung wenigstens annähernd mit den kinematischen Randbedingungen vereinbaren läßt, seien hier für die Geschwindigkeitsverteilung beim Ziehen vereinfachende Annahmen gemacht. Stellt man sich vor, daß der Werkstoff durch konzentrische Stromröhren mit kreisringförmigen Querschnitten fließt, dann sei vorausgesetzt, daß die in ihnen verlaufenden Bahnlinien das Gleitlinienfeld geradlinig durchsetzen und daß ferner ihre senkrecht zur Strömungsrichtung gemessene Dicke eine lineare Funktion ihres mittleren Halbmessers ist. Wie Abbildung 7 für einen Ziehholöffnungswinkel von 18° zeigt, weichen die so angenäherten Bahnlinien nur wenig von den wirklich vorliegenden ab. Es ist anzunehmen, daß die Abweichungen mit zunehmendem Winkel 2α größer werden. Für das betriebsmäßige Ziehen oder Einstoßen wird jedoch 2α nur in seltenen Fällen größer als etwa 20° bis 30° gewählt, so daß hierfür die obigen Annahmen über das Fließverhalten des Werkstoffs zulässig sind. Die folgenden Berechnungen werden deshalb ebenfalls auf Winkel dieser Größenordnung beschränkt.

Die Anwendung des Kontinuitätssatzes der Strömungslehre auf eine beliebige Stromröhre in Abbildung 7 ergibt

$$w = w_1 \frac{F_{S1}}{F_S} , \qquad (28)$$

wobei F_S der durchströmte Querschnitt ist.

Mit $F_{S1} = 2\pi r_1 a_1$ und $F_S = 2\pi r a$ folgt dann weiter

$$w = w_1 \frac{r_1 a_1}{r a} . \qquad (29)$$

Gemäß der oben gemachten Voraussetzung soll a linear mit r zunehmen

$$a = a_1 + \frac{a_1}{r_1} (r - r_1) . \qquad (30)$$

Durch Einsetzen von Gleichung (30) in Gleichung (29) erhält man schließlich die gesuchte Verteilung der Bahngeschwindigkeiten

$$w = w_1 \left(\frac{r_1}{r}\right)^2 . \qquad (31)$$

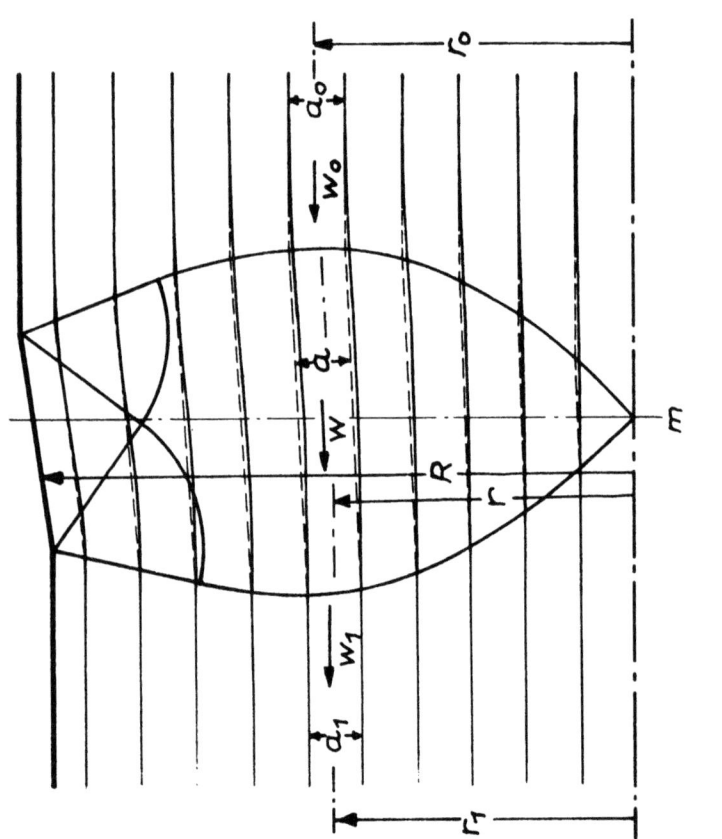

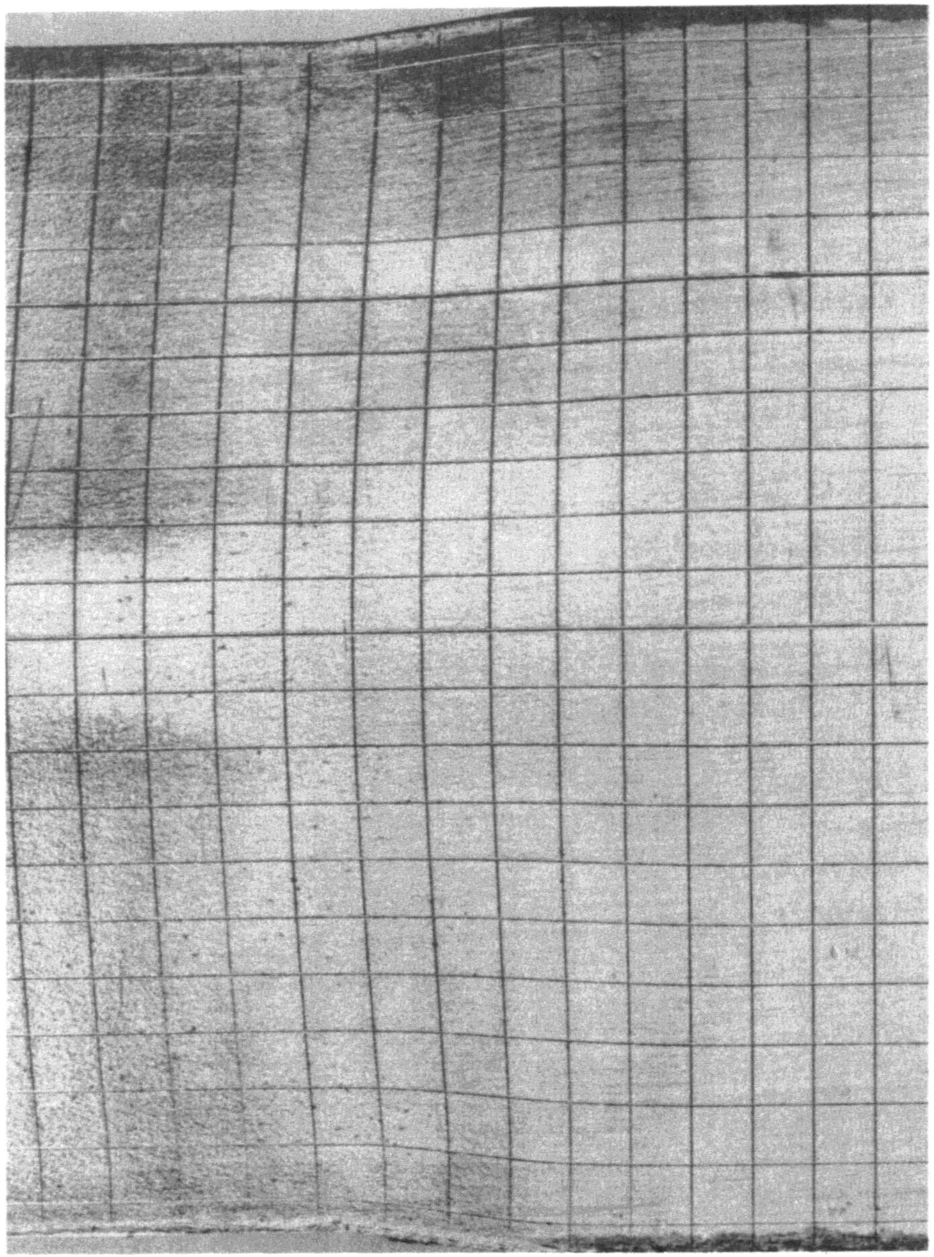

Abbildung 7

Wirkliches und angenähertes Bahnlinienfeld (= Stromlinienfeld) beim Ziehen mit $\varepsilon_F = 10\%$, $2\alpha = 18°$, $d_1 = 40$ mm

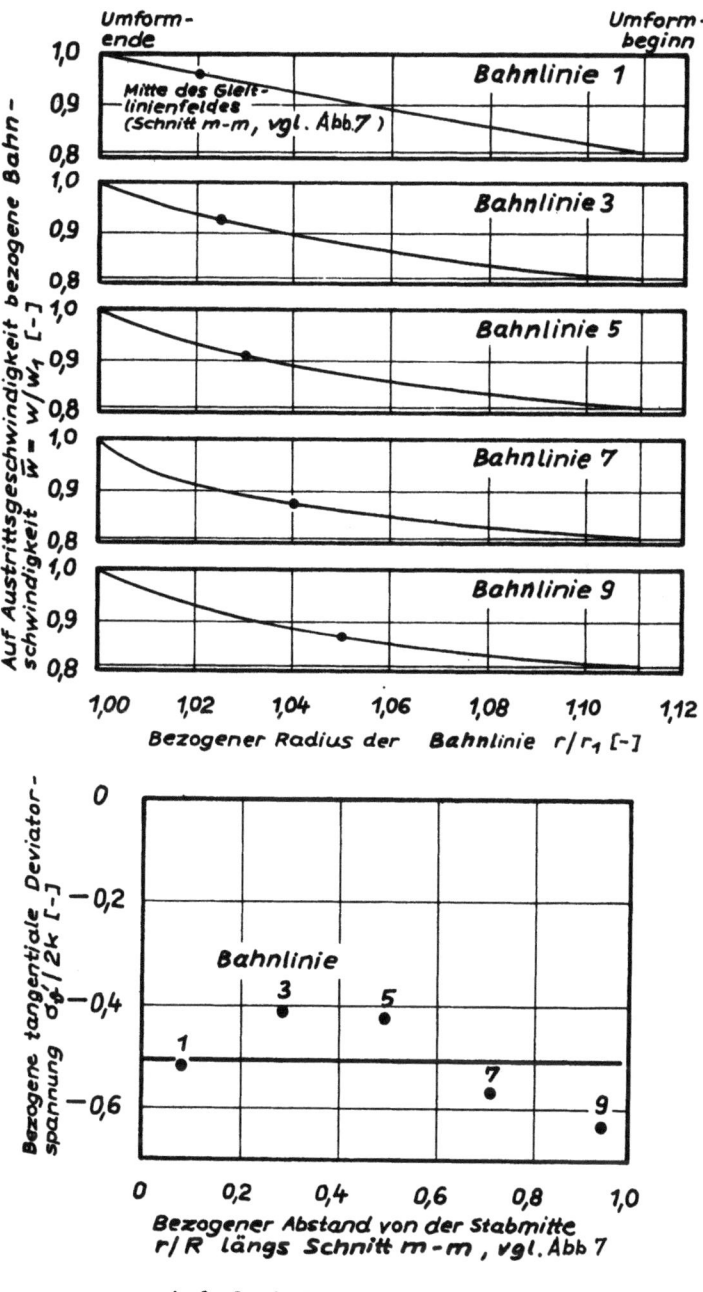

Abbildung 8

Berechnung der tangentialen Deviatorspannung aus experimentell ermittelten Bahngeschwindigkeitsverläufen;

Ziehen mit $\varepsilon_F = 19\%$, $2\alpha = 18°$, $d_1 = 17$ mm

Damit kann nun nach Gleichung (27) die tangentiale Deviatorspannung ermittelt werden. Diese Gleichung ergibt umgeformt

$$\frac{\sigma'_\varphi}{2k} = \frac{3}{2} \sin 2\gamma \; \frac{1}{1+\frac{2r}{w} \cdot \frac{dw}{dr}} \tag{32}$$

worin γ der im Gegenuhrzeigersinn gemessene Winkel zwischen der Bahnlinie und der ß-Gleitlinie ist. Differentiation von w und Einsetzen in Gleichung (32) liefert

$$\frac{\sigma'_\vartheta}{2k} = -\frac{1}{2} \sin 2\gamma \ . \qquad (32a)$$

In der Stabmitte und nach Abbildung 7 auch in der Umgebung der Linie m-m beträgt γ annähernd 45°. Für diese Bereiche erhält man somit das gleiche Ergebnis, wie es oben in Gleichung (25) nach der Theorie von A.HAAR und Th.v.KÁRMÁN [36] gefunden wurde. Dies wird annähernd ebenfalls bestätigt, wenn man wie in Abbildung 8 die aus einem anderen Versuch ermittelten Bahngeschwindigkeiten zur Berechnung der Deviatorspannung längs der Linie m-m benutzt.

Längs der Ränder des Feldes ergeben sich bei größeren Halbmessern zwar größere Abweichungen von Gleichung (25). An diesen Stellen trägt aber der Fehler von σ'_ϑ in den Gleichungen (14) nur noch wenig zum Fehler von ω bei, da der Halbmesser r in den Integranden dieser Gleichungen im Nenner steht. Die Annahme einer konstanten Deviatorspannung ist also im vorliegenden Fall in erster Näherung mit den kinematischen Randbedingungen verträglich.

Zu einem etwas anderen Ergebnis kam E.G.THOMSEN [21] bei der Untersuchung des Fließpressens von Rundkörpern. Durch visioplastische Versuche stellte er fest, daß σ'_ϑ in der Umgebung der Werkstückmitte zunächst konstant war, sich dann aber mit wachsendem Halbmesser dem Wert Null näherte. T.F.JORDAN [23] hat versucht, eine empirische Näherungslösung für σ'_ϑ beim Kaltfließpressen zu finden, die diesem Versuchsergebnis angepaßt ist.

Da jedoch über die Funktion $\sigma'_\vartheta(r)$ noch keine genaueren analytischen Aussagen gemacht werden können, wurde im folgenden mit Gleichung (25) gerechnet.

2.34 Einfluß der Querschnittsabnahme und des Ziehholöffnungswinkels auf den Spannungszustand

Berechnungsbeispiele

Die Abbildungen 9a und b zeigen als Beispiel die berechneten rotationssymmetrischen Spannungsverteilungen längs der α-Randlinie des Gleitlinienfeldes für 2α = 12° und für verschiedene Querschnittsabnahmen. Weitere Rechnungen für 2α = 6°, 18° und 24° ergaben ähnliche Zusammenhänge.

In Abbildung 10 ist zusammenfassend dargestellt, wie beim Ziehholöffnungswinkel von 12° die Spannungen von der Querschnittsabnahme abhängen,

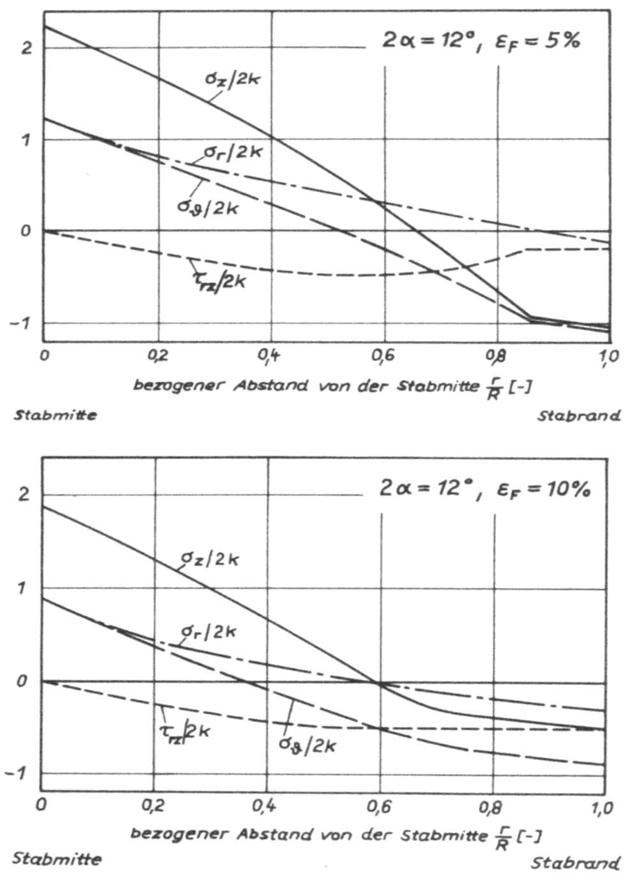

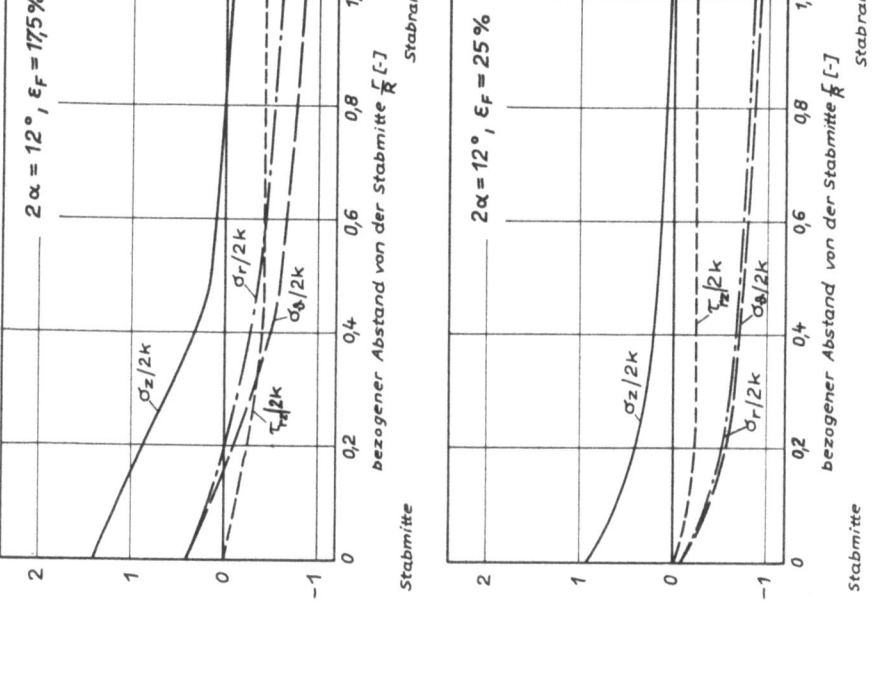

Abbildung 9a

Spannungszustand am Eintrittsrand des Gleitlinienfeldes; rotationssymmetrische Umformung, $2\alpha = 12°$

Abbildung 9b

Spannungszustand am Eintrittsrand des Gleitlinienfeldes; rotationssymmetrische Umformung, $2\alpha = 12°$

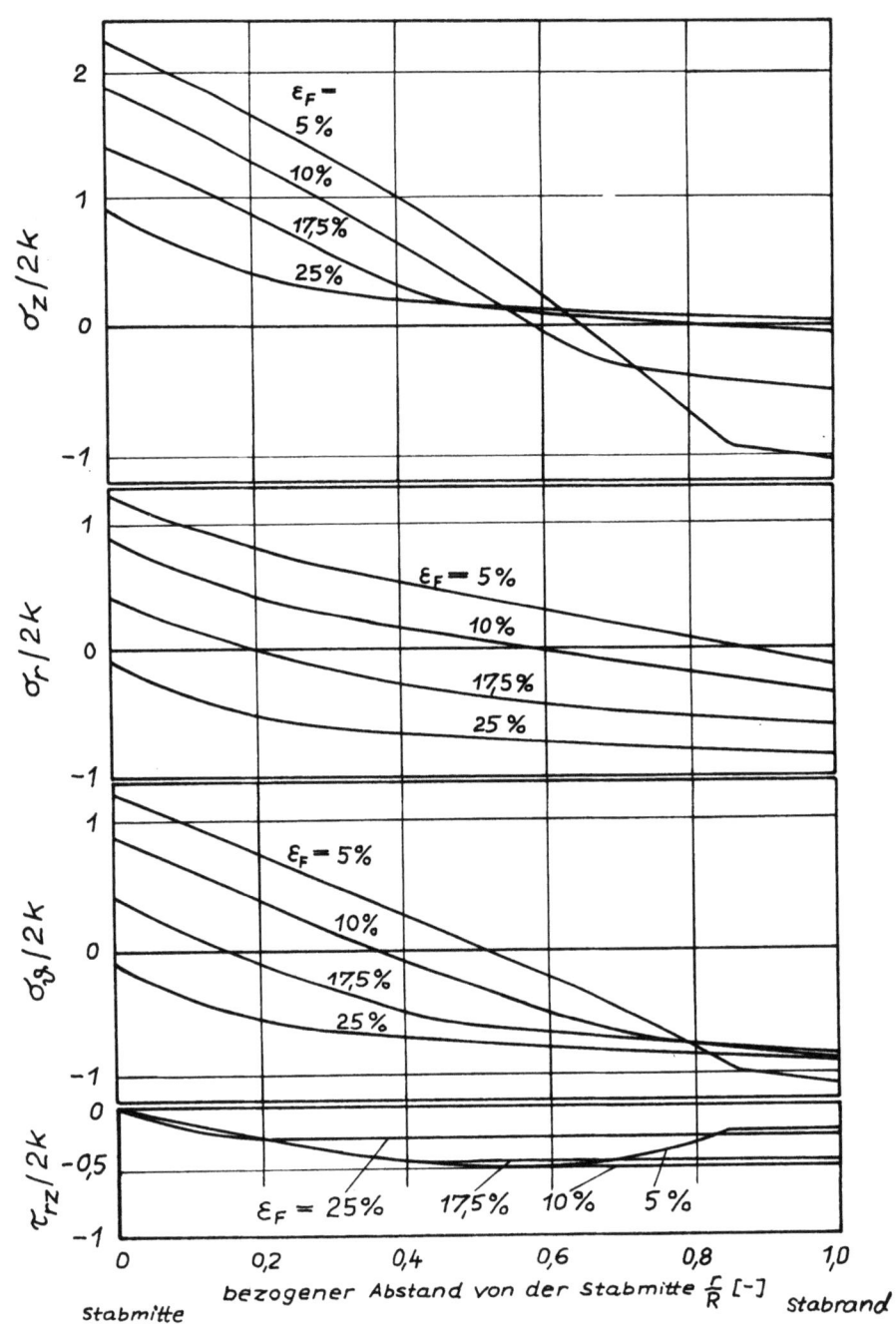

Abbildung 10

Spannungszustand am Eintrittsrand des Gleitlinienfeldes bei verschiedenen Querschnittsabnahmen; rotationssymmetrische Umformung, $2\alpha = 12°$

während Abbildung 11 den Einfluß des Ziehholöffnungswinkels bei gleichbleibender Querschnittsabnahme von 10% erläutert.

Die gefundenen Spannungszustände lassen gegenüber den für die ebene Umformung geltenden Verläufen qualitativ nichts Neues erkennen.

Bei der Behandlung des ebenen Umformfalles wurden die Schubspannungen $\tau_{xz} = \tau_{rz}$ noch nicht besprochen. Sie sind in der Stabmitte, wo die Koordi-

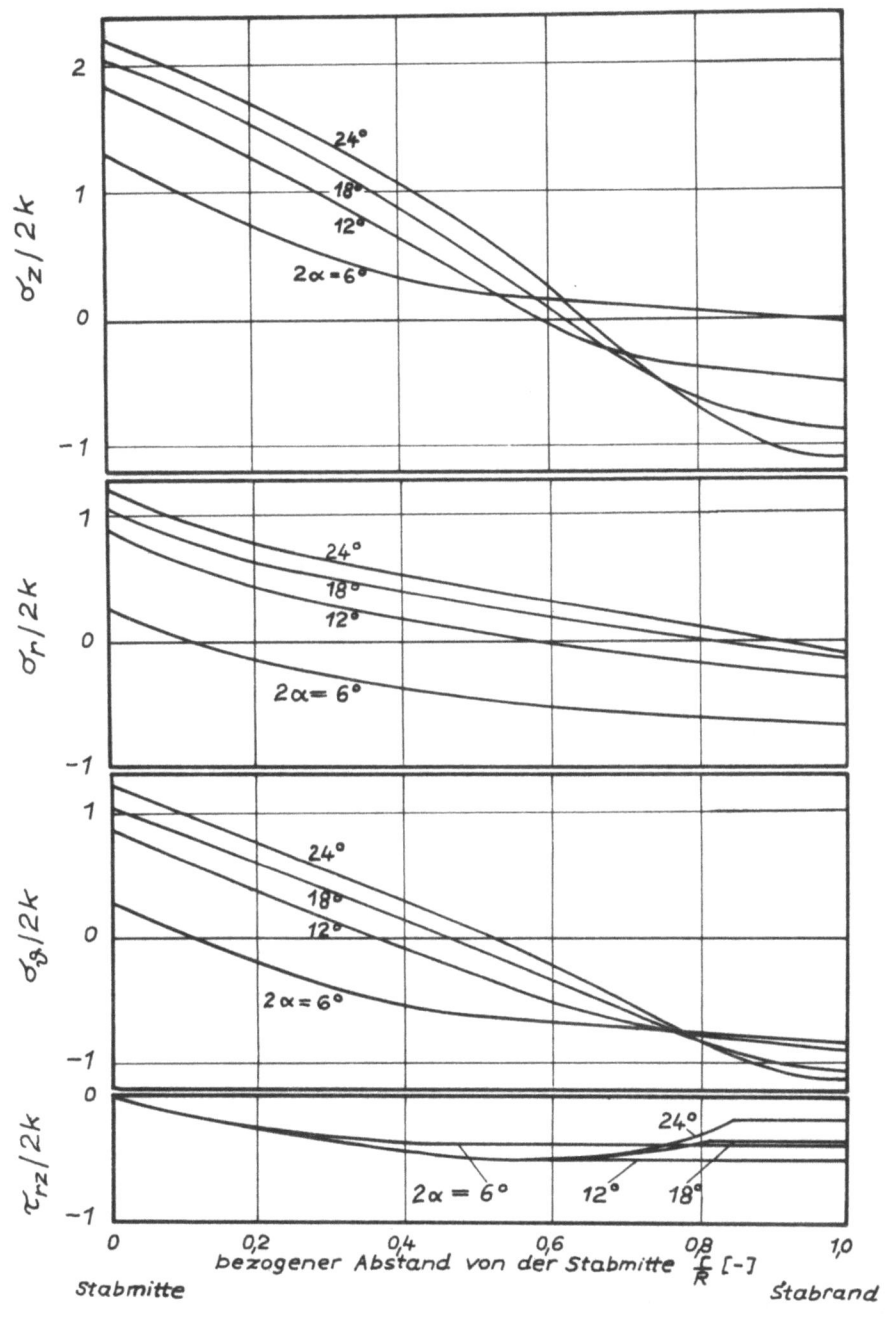

Abbildung 11

Spannungszustand am Eintrittsrand des Gleitlinienfeldes bei verschiedenen Ziehholöffnungswinkeln; rotationssymmetrische Umformung, ε_F = 10 %

natenrichtungen wegen der Symmetrie immer Hauptspannungsrichtungen sind, gleich Null und nehmen dann absolut genommen zum Rande hin zu. Sie sind positiv, wenn ihre Richtung um 90° im Uhrzeigersinn gegen die Richtung der vom Flächenelement fortweisenden positiven Normalspannungsrichtung gedreht ist. Während sie sich bei ziemlich gleichmäßiger Umformung - wie z.B. in Abbildung 10 bei einer Querschnittsabnahme von 25% und einem

Ziehholöffnungswinkel von 12° - einem konstanten Wert nähern, der verhältnismäßig klein ist, erreichen sie für stark veränderliche Spannungszustände etwas unter der Werkstückoberfläche ihren Höchstwert k und fallen dann nach außen wieder etwas ab.

Man erkennt, daß eine Vernachlässigung dieser Schubspannungen in den meisten der berechneten Beispiele nicht mehr zulässig wäre.

Wie sich der rotationssymmetrische Ziehvorgang quantitativ vom ebenen unterscheidet, ist aus Abbildung 12 zu ersehen. Während an der Oberfläche des Ziehgutes die in der Umformebene wirkenden Spannungen σ_z und σ_r bzw. σ_x in beiden Fällen fast gleich sind, treten in der Mitte bei dreiachsiger Umformung höhere Spannungen auf. Eine Ausnahme machen die Schubspannungen $\tau_{xz} = \tau_{rz}$, die unverändert bleiben. Das gleiche Ergebnis wurde für das Kaltfließpressen von T.F.JORDAN [23] gefunden.

Die besprochenen Spannungsverteilungen sollen nun noch mit zwei auf anderen Grundlagen aufgebauten Berechnungen des beim Ziehen vorliegenden Spannungszustandes verglichen werden, die bisher die einzigen im Schrifttum sind.

E.SIEBEL [6] geht von der elementaren Theorie des Gleichgewichts am plastischen Streifen aus. Er berücksichtigt die Schiebungsarbeit nach F.KÖRBER und A.EICHINGER [4]. Während die von ihm berechneten Verläufe der Längs- und Radialspannungen den oben errechneten ähneln, zeigen die über dem Querschnitt gleichbleibend erhaltenen Schubspannungen ein davon abweichendes Verhalten.

R.T.SHIELD [37] hat eine theoretisch exakte Lösung für den Spannungszustand beim Durchfließen eines unendlich lang gedachten kegelförmigen Kanals angegeben. Bei einer vergleichenden Betrachtung muß man beachten, daß R.T.SHIELD in seinen Berechnungen die Reibung an der Ziehholwand berücksichtigt hat. Da die Umformzone nach Voraussetzung sehr lang im Verhältnis zum Durchmesser sein soll und deshalb der Einfluß innerer Schiebungen sehr klein ist, ergibt sich die Schubspannungsverteilung hauptsächlich aus der Randbedingung der äußeren Reibung. Auf die gleiche Weise kann die Ungleichförmigkeit der übrigen Spannungen gedeutet werden. Während in den vorliegenden Ausführungen bisher ausschließlich ergründet wurde, wie der Spannungszustand allein durch die Geometrie der Umformung beeinflußt wird, zeigen die Ergebnisse von R.T.SHIELD, wie sich bei nahezu fehlenden inneren Schiebungen die äußere Reibung auswirkt. Dabei ist

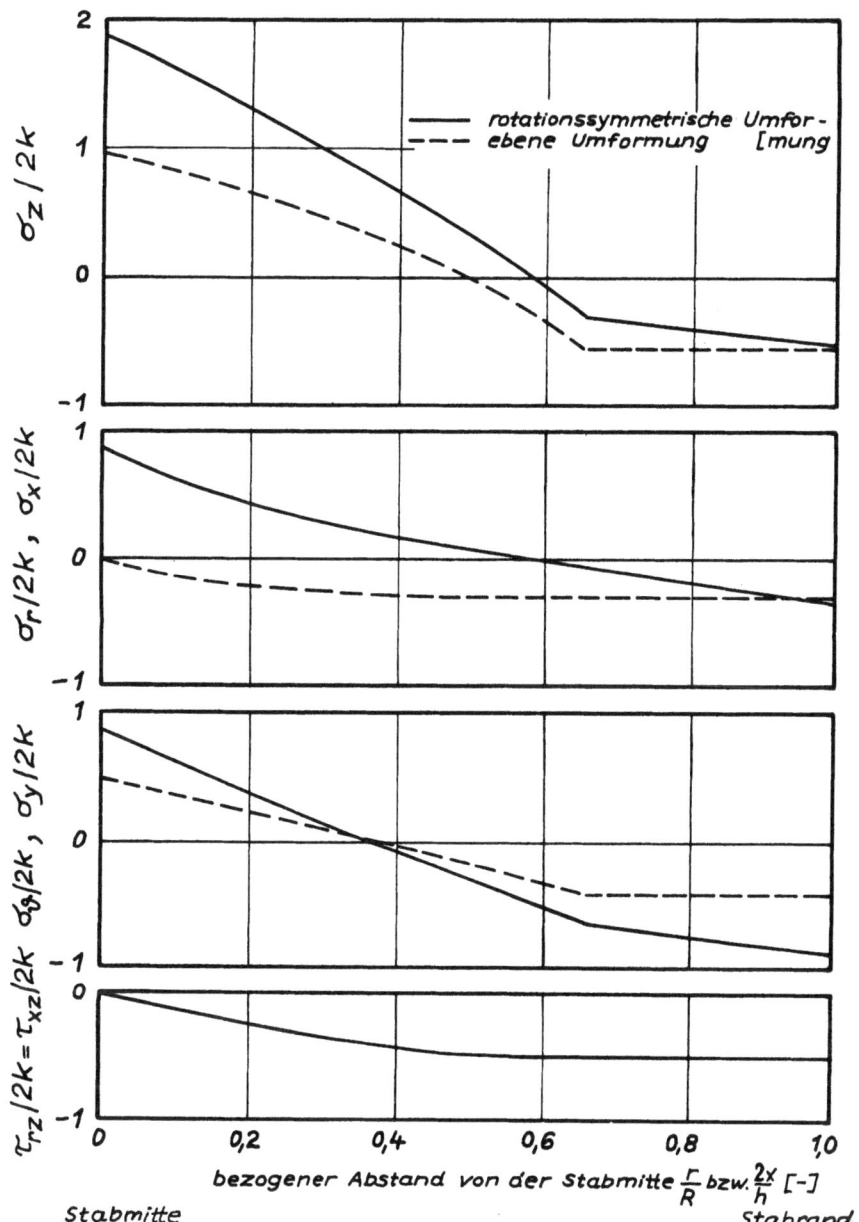

Abbildung 12

Spannungszustand am Eintrittsrand des Gleitlinienfeldes bei rotationssymmetrischer und ebener Umformung; $2\alpha = 12°$, $\varepsilon_F = 10\,\%$, $\varepsilon_h = 5{,}13\,\%$

aufschlußreich, festzustellen, daß sie den Spannungszustand in der gleichen Weise ungleichförmiger werden läßt wie die durch das Ziehwerkzeug erzwungenen Werkstoffumlenkungen.

2.4 Einfluß der Reibung auf den Spannungszustand

Nachdem aus den vorangegangenen Ausführungen bekannt ist, in welcher Weise die Reibung auf die Ausbildung des Spannungszustandes einwirkt, soll nun aus dem Gleitlinienfeld heraus erklärt werden, wie dieser Einfluß zustande kommt.

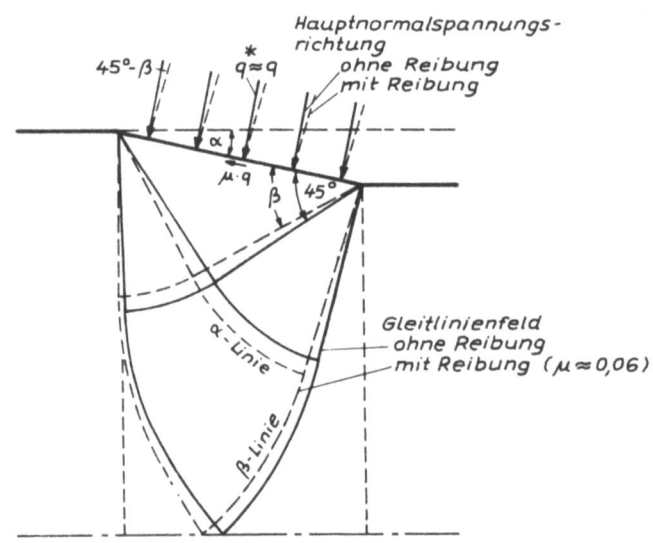

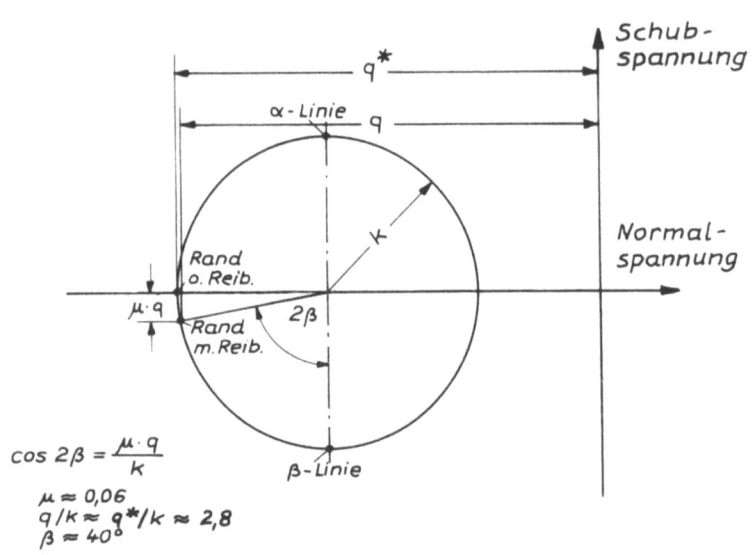

Abbildung 13

Einfluß der Reibung im Ziehhol auf die Ausbildung des Gleitlinienfeldes und auf den Spannungszustand; $\varepsilon_F = 25\ \%$, $\varepsilon_h = 13{,}5\ \%$, $2\alpha = 24°$

Wie Abbildung 13 zeigt, dreht sich die im Ziehhol senkrecht auf der Staboberfläche stehende Hauptnormalspannungsrichtung beim Auftreten von Reibung um einen kleinen Winkel entgegen der Richtung der Reibungskraft.

Dies hat zur Folge, daß die ß-Gleitlinien nicht mehr unter 45° von der Staboberfläche ausgehen, sondern unter einem kleineren Winkel ß. Das Dreieck konstanten Zustandes wird dadurch ungleichschenklig, und die Halbmesser der Kreisfächer erhalten eine unterschiedliche Länge. Die Größe von ß folgt aus dem MOHRschen Kreis; es ist

$$\cos 2\beta = \frac{\mu q}{k} . \qquad (33)$$

R.HILL und S.J.TUPPER [15] haben für ein nur aus einem Dreiecksfeld und einem Kreisfächer zusammengesetztes Gleitlinienfeld gezeigt, daß der von der Ziehholwand ausgeübte Druck q mit wachsendem Reibungsbeiwert in geringem Maße kleiner wird. Aus diesem Grunde ist der Winkel ß nur durch ein langwieriges Iterationsverfahren zu berechnen, das dadurch erschwert wird, daß für jeden einzelnen Rechenschritt auch der Teil des Feldes neu entworfen werden muß, in dem beide Gleitlinienscharen gekrümmte Linien sind.

Für das in Abbildung 13 durchgerechnete Beispiel, das die Zusammenhänge nur qualitativ veranschaulichen soll, wurde deshalb angenommen, daß der beim Ziehen mit einem angenommenen Reibungsbeiwert $\mu = 0{,}06$ auftretende Werkzeugdruck q gleich dem Druck q^* ist, der sich für reibungsfreies Ziehen errechnen läßt. Der benutzte Wert $q^*/k \approx 2{,}8$ wurde aus der noch zu besprechenden Abbildung 15c für $\varepsilon_F = 25\%$ und $2\alpha = 24°$ entnommen. Ferner wurde bei der Darstellung des MOHRschen Kreises vereinfachend angenommen, daß sich der mittlere Druck p im Ziehhol durch die Reibung nicht ändert.

Der Vergleich der beiden erhaltenen Gleitlinienfelder zeigt, daß die Umformzone durch die Reibung zum Ziehholeintritt verschoben wird, und zwar um so mehr, je größer der Reibungsbeiwert μ ist. Die Formänderung wird dadurch in ähnlicher Weise beeinflußt wie durch die Wahl eines größeren Ziehholöffnungswinkels. Je stärker sich nämlich die von der Werkzeugwand ausgehende Kraftwirkungsrichtung zur Stabmittellinie neigt, desto mehr weicht die Umformung von der homogenen Reckung ab, wodurch der Spannungszustand zunehmend ungleichförmiger wird.

Durch diesen Einfluß der Reibung läßt sich nun auch die Erscheinung des Überziehens besser erklären. Darunter versteht man das bei großen Querschnittsabnahmen in der Kernzone des Ziehgutes auftretende Aufreißen. Diese Brüche sind nach den für reibungsfreies Ziehen gefundenen Spannungsverteilungen nicht zu erklären, da in diesem Falle zwar große, aber über den Querschnitt gleichbleibende Längsspannungen auftreten. Erst die Reibung bewirkt, daß in der Stabmitte größere Zugspannungen als am Rande entstehen. Wenn diese die Trennfestigkeit des gezogenen Werkstoffs überschreiten, bilden sich die erwähnten Innenrisse.

2.5 Der Spannungszustand beim Einstoßen

Das Einstoßen unterscheidet sich nach Abbildung 14 vom Ziehen bei gleichbleibender Umformgeometrie äußerlich nur dadurch, daß die Bewegung des Stabes durch das Ziehhol nicht durch eine am austretenden Ende angreifende Zugkraft P_Z, sondern durch eine am eintretenden Stabteil wirkende Druckkraft P_E erzwungen wird.

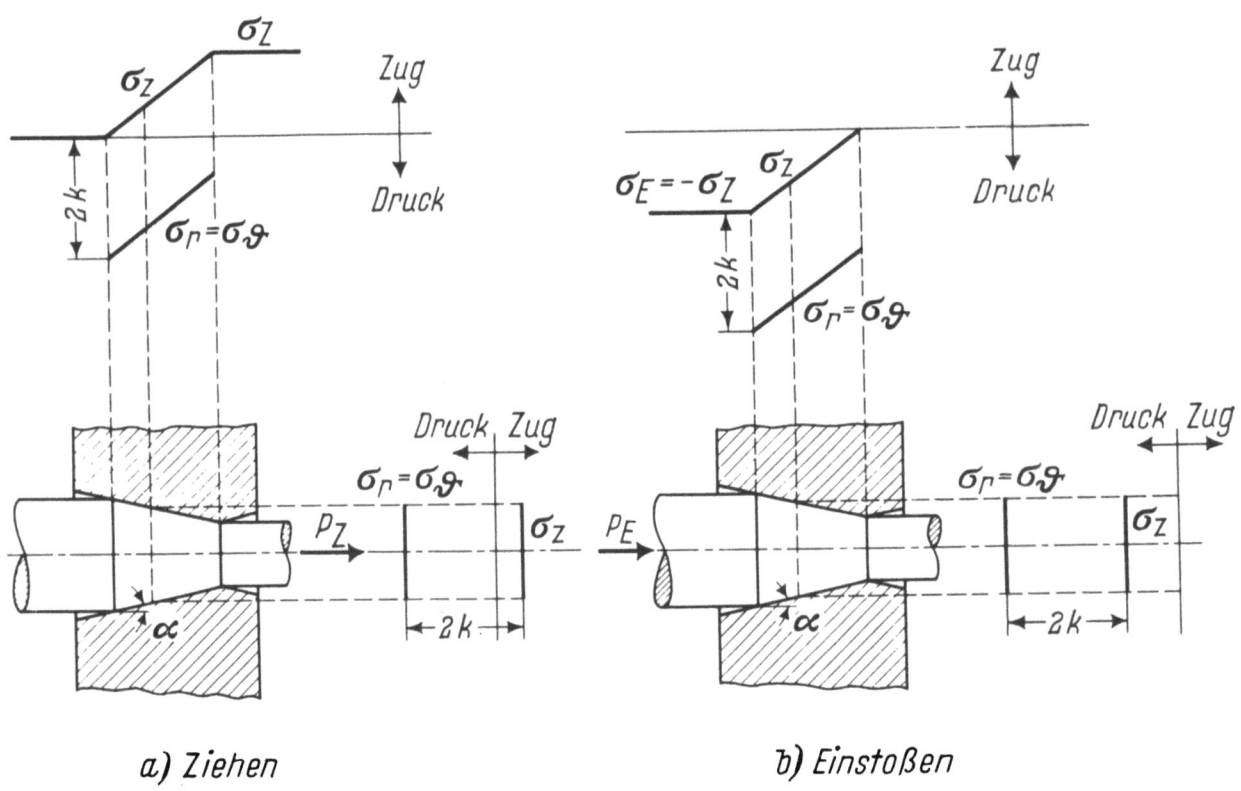

a) Ziehen   b) Einstoßen

σ_Z = Längsspannung, σ_r = Radialspannung, σ_ϑ = Tangentialspannung

Abbildung 14

Vereinfachter Spannungszustand beim reibungsfreien Ziehen und Einstoßen eines ideal-plastischen Körpers

Man kann sich deshalb nach R. HILL [38] für $\mu = 0$ die Beanspruchung des Werkstoffs beim Einstoßen dadurch entstanden denken, daß sich dem beim Ziehen herrschenden Spannungszustand ein hydrostatischer Druck von der

Größe der Ziehspannung σ_Z überlagert hat. Dabei ergibt sich, wie in Abbildung 14 veranschaulicht, daß der Betrag der Einstoßspannung σ_E gleich dem Betrag der Ziehspannung σ_Z ist.

Da ein hydrostatischer Druck nach allgemeiner Ansicht keine plastischen Formänderungen bewirkt, ist in einer solchen Deutung des Spannungsverhaltens beim Einstoßen die Annahme enthalten, daß der Verzerrungszustand beim Einstoßen der gleiche ist wie beim Ziehen. Diese Voraussetzung ist aber beim Vorhandensein von äußerer Wandreibung im allgemeinen nicht erfüllt. Da nämlich mit dem beim Einstoßen größeren Werkzeugdruck auch die Reibungsschubspannung größer wird, treten im Innern der Umformzone erhöhte Schubspannungen auf, die zu zusätzlichen Schiebungen führen. Aus diesem Grund ist der Spannungszustand in der Umformzone beim Einstoßen noch ungleichförmiger als beim Ziehen.

Um zu einer quantitativen Aussage über die Unterschiede der Spannungsverteilungen der beiden Umformvorgänge zu kommen, müßten die Gleitlinienfelder unter Berücksichtigung der äußeren Wandreibung berechnet werden. Im vorangegangenen Abschnitt ist schon gezeigt worden, welch großer Rechenaufwand dazu erforderlich ist. Außerdem wird die Berechnung dadurch unsicher, daß die beim Einstoßen wegen des erhöhten Werkzeugdruckes zu erwartende Ausweitung des plastischen Bereichs rechnerisch nicht erfaßt werden kann. Aus Gleichung (33) läßt sich lediglich ableiten, daß durch den beim Einstoßen gegenüber dem Ziehen erhöhten Werkzeugdruck q bei Annahme gleicher Reibungsbeiwerte der Winkel ß verkleinert wird, d.h. also, daß das Gleitlinienfeld beim Einstoßen stärker zum Ziehholeintritt hin geneigt ist als das beim Ziehen. Die Erhöhung des Werkzeugdrucks hat also annähernd die gleichen Folgen wie eine Vergrößerung des Reibungsbeiwertes. Auf eine weitergehende Berechnung der Spannungsverteilung beim Einstoßen ist aus den angegebenen Gründen hier verzichtet worden.

Wie dagegen die erhöhte Reibungsschubspannung und der veränderte Verzerrungszustand die zum Einstoßen benötigte äußere Spannung beeinflussen, soll weiter unten näher ausgeführt werden.

3. Berechnung der zur Umformung erforderlichen äußeren Spannungen

Die bisherigen Berechnungen haben gezeigt, welchen Beanspruchungen jedes Werkstoffteilchen beim Durchlaufen der Umformzone ausgesetzt ist. Im folgenden sollen nun die für eine Vorausbestimmung des Kraftbedarfs wichtigen mittleren Spannungen behandelt werden, die an den Rändern des Gleitlinienfeldes den äußeren Spannungen das Gleichgewicht halten.

3.1 Der Werkzeugdruck

Beim ebenen Ziehen herrscht nach den vorangegangenen Berechnungen an der vom Ziehwerkzeug beanspruchten Staboberfläche ein unveränderlicher zweiachsiger Druckspannungszustand. Aus dem dazugehörigen MOHRschen Kreis kann man sofort ablesen, daß der Werkzeugdruck q^* um die Schubfließgrenze k größer ist als der mittlere Druck p_Δ im Dreiecksfeld

$$q^* = p_\Delta + k$$

$$\frac{q^*}{2k} = \omega_\Delta + \frac{1}{2} \quad . \tag{34}$$

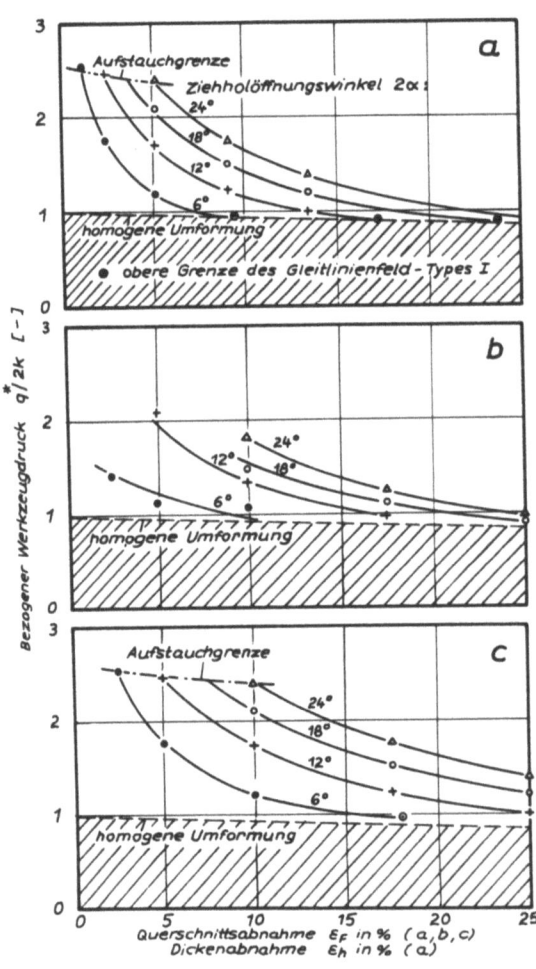

A b b i l d u n g   15

Berechnung des bezogenen Werkzeugdrucks:

a R.HILL und S.J.TUPPER: ebene und rotationssymmetrische Umformung

b Verfasser: rotationssymmetrische Umformung, $\sigma'_y/2k = -0,5$

c Verfasser: rotationssymmetrische Umformung, Abwandlung von a

Abbildung 15a zeigt die danach berechneten bezogenen Werkzeugdrücke in Abhängigkeit von der Dickenabnahme und dem Ziehholöffnungswinkel. Sie nehmen mit wachsendem Ziehholöffnungswinkel und mit abnehmendem Abzug zu, bis sie nach R.HILL und S.J.TUPPER [15] bei Erreichen des Wertes $1 + \frac{1}{2}\pi - \alpha$ die schon erwähnte Aufstauchgrenze erreichen, an der die Staboberfläche bereits vor dem Eintritt in das Ziehhol plastisch verformt wird. Bei großen Querschnittsabnahmen nähern sich die Schaulinien asymptotisch einer unteren Grenze. Die Gleichung der in Abbildung 15a gestrichelt eingezeichneten Grenzlinie ergibt sich, wenn man in die Beziehung

$$\frac{q^*}{2k} = \frac{\sigma_Z^*}{2k} \frac{1-\varepsilon_h}{\varepsilon_h} \tag{35}$$

die für homogene Umformung gültige bezogene Ziehspannung

$$\left(\frac{\sigma_Z^*}{2k}\right)_{homogen} = \varphi = \ln\frac{1}{1-\varepsilon_h} \tag{36}$$

einsetzt

$$\left(\frac{q^*}{2k}\right)_{homogen} = \frac{1-\varepsilon_h}{\varepsilon_h} \ln\frac{1}{1-\varepsilon_h} \tag{37}$$

Das bedeutet, daß beim Ziehen mit nahezu homogener Umformung der Werkzeugdruck ungefähr gleich der Formänderungsfestigkeit des Ziehgutes ist. Die Schaulinien enden bei einer bestimmten Querschnittsabnahme, bei der das Gleitlinienfeld nur noch aus dem Dreiecksfeld und dem am Ziehholaustritt liegenden Kreisfächer besteht. Diese geometrisch bedingte Grenzquerschnittsabnahme ist vom Ziehholöffnungswinkel abhängig und ergibt sich nach R.HILL und S.J.TUPPER [15] aus der Gleichung

$$\varepsilon_{h_{Grenz}} = \frac{2\sin\alpha}{1+2\sin\alpha} \tag{38}$$

Der zugehörige bezogene Werkzeugdruck läßt sich in diesem Falle analytisch ausdrücken durch

$$\frac{q^*_{Grenz}}{2k} = \frac{1+\alpha}{1+2\sin\alpha} \tag{39}$$

Um die erhaltenen Ergebnisse auch auf die rotationssymmetrische Umformung anwenden zu können, nahmen R.HILL und S.J.TUPPER [15] an, daß beim Stabziehen mit $\varepsilon_F = x\%$ annähernd der gleiche Werkzeugdruck auftritt wie beim ebenen Ziehen mit $\varepsilon_h = x\ \%$. Als Beweis führten sie an, daß die Querschnittsform bei sehr großen Querschnittsabnahmen keinen Einfluß mehr auf den Spannungszustand hat, sondern nur noch die logarithmische Formänderung φ. Daraus könne gefolgert werden, daß die Funktionen $q^*(\varepsilon_F)$ und $q^*(\varepsilon_h)$ auch bei kleineren Abnahmen wenigstens annähernd gleichen Verlauf zeigen müßten.

Demgegenüber soll in der vorliegenden Arbeit ein anderer Vorschlag gemacht werden, wie für das ebene Ziehen gefundene Ergebnisse auf das Draht- oder Stangenziehen übertragen werden können. Ausgehend von der nach Abbildung 12 gemachten Feststellung, daß am Stabrand die quer zur Stabachse wirkenden Normalspannungen beim ebenen und rotationssymmetrischen Ziehen unter der Voraussetzung gleicher Gleitlinienfelder nahezu übereinstimmen, wird angenommen, daß der Werkzeugdruck beim Ziehen von Rundstäben der gleiche ist wie beim ebenen Ziehen mit einer Dickenabnahme, die gleich der Durchmesserabnahme des Rundstabes ist. In diesem Zusammenhang werden also die Abnahmen $\varepsilon_d = 1 - d_1/d_0$ und $\varepsilon_{hgl} = 1 - h_1/h_0$ als gleichwertig angesehen. Ihre Beziehung zueinander ist

$$\varepsilon_{hgl} = \varepsilon_d = 1 - \sqrt{1 - \varepsilon_F} \quad . \tag{40}$$

Daraus ist abzulesen, daß sich das Verhältnis $\varepsilon_{hgl}/\varepsilon_F$ mit wachsendem ε_F dem Wert 1 nähert. Im Grenzfall $\varepsilon_F = 1$ stimmt somit die gemachte Annahme mit der von R. HILL und S.J. TUPPER [15] überein.

Die auf diese Weise erhaltenen Werkzeugdrücke zeigt Abbildung 15c. Gegenüber den Verläufen in Abbildung 15a ergeben sich stets höhere Werte.

Die unmittelbar aus den Berechnungen des rotationssymmetrischen Ziehvorganges folgenden Werkzeugdrücke sind in Abbildung 15b eingetragen. Sie liegen, ausgenommen bei einem Ziehholöffnungswinkel von $6°$, zwischen den entsprechenden Werten nach den Abbildungen 15a und 15c. Die geringfügige Streuung der berechneten Punkte ist dadurch zu erklären, daß sich beim rotationssymmetrischen Problem Ungenauigkeiten in der Zeichnung der Gleitlinienfelder stärker auswirken als beim ebenen. Im Gegensatz zu dem beim ebenen Fall beschrittenen Weg wurden hier die Werkzeugdrücke nicht über den mittleren Druck im Dreiecksfeld, sondern nach folgender Gleichung einfacher aus der vorweg bestimmten Ziehspannung σ_Z^* ermittelt

$$\frac{q^*}{2k} = \frac{\sigma_Z^*}{2k} \frac{1 - \varepsilon_F}{\varepsilon_F} \quad . \tag{41}$$

Wie σ_z^* berechnet wird, ist im folgenden Abschnitt gezeigt.

Im Abschnitt 2.4 wurde bereits gesagt, daß die Reibung im Ziehhol den Werkzeugdruck etwas herabsetzt. A.P.GREEN und R.HILL [16] haben berechnet, wie groß dieser Einfluß beim ebenen Ziehen ist. Sie fanden dafür die Gleichung

$$\frac{q}{q^*} = 1 - \frac{\mu(0,2 + 0,08\,\varepsilon_h\,\text{ctg}^2\alpha)}{1 + \mu\,\text{ctg}\,\alpha} \quad , \tag{42}$$

die für Ziehholöffnungswinkel zwischen $10°$ und $30°$ und für $\mu \leqq 0,15$ gilt.

3.2 Die Ziehspannung

Die für das reibungsfreie ebene Ziehen benötigte Ziehspannung σ_z^* ergibt sich sofort aus Gleichung (35), wenn der Werkzeugdruck q^* bekannt ist. Dasselbe Ergebnis würde man auch erhalten, wenn man alle in der z-Richtung an der ß-Randlinie des Gleitlinienfeldes angreifenden Kräfte summiert und durch den Endquerschnitt des Ziehgutes teilt.

In solcher Weise wurde die zur rotationssymmetrischen Umformung aufzuwendende Spannung aus dem Gleitlinienfeld berechnet. Nach Abbildung 3 greift an einem durch Drehung von ds_β um die z-Achse entstehenden Ringflächenelement in der Ziehrichtung, also in der negativen z-Richtung, eine Kraft

$$dP_z = 2r\pi(k\,dz - p\,dr) \tag{43}$$

an. Mit $\frac{dz}{dr} = \text{tg}(180° - \emptyset) = -\text{tg}\,\emptyset$ und $\frac{p}{2k} = \omega$ folgt daraus durch Integration die Ziehkraft

$$P_z^* = -4k\pi \int_0^{R_1} r\left(\omega + \frac{1}{2}\text{tg}\,\emptyset\right)dr \quad . \tag{44}$$

Die bezogene Ziehspannung ist dann

$$\frac{\sigma_z^*}{2k} = -\frac{2}{R_1^2}\int_0^{R_1} r\left(\omega + \frac{1}{2}\text{tg}\,\emptyset\right)dr \quad . \tag{45}$$

Im oberen Teil der Abbildung 16 sind die nach Gleichung (45) errechneten Ziehspannungen den für ebenes Ziehen erhaltenen gegenübergestellt, die nach der oben besprochenen Annahme von R.HILL und S.J.TUPPER [15] in der gleichen Form auch für rotationssymmetrische Ziehvorgänge gelten sollen.

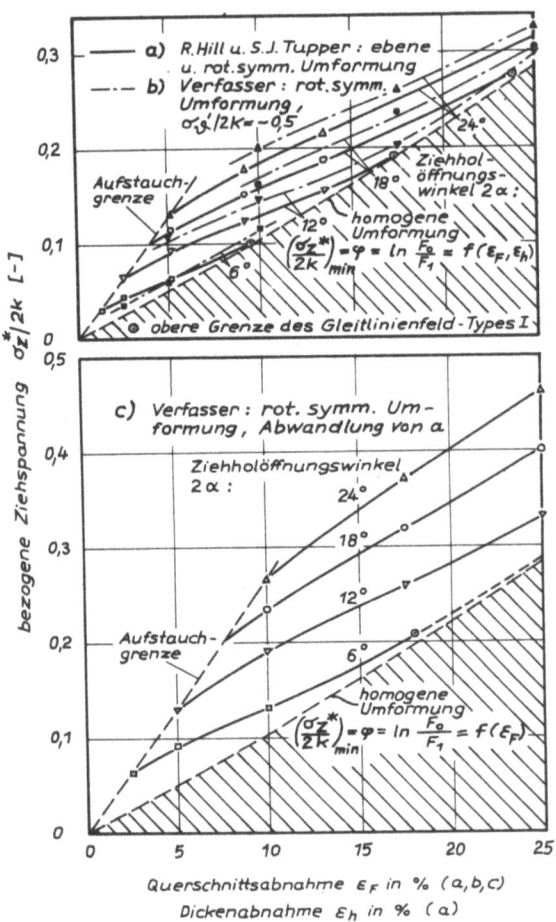

Abbildung 16

Nach verschiedenen Theorien errechnete bezogene Ziehspannungen beim reibungsfreien Ziehen eines ideal-plastischen Körpers

Sie zeigen einen im Vergleich zu diesen grundsätzlich ähnlichen Verlauf, liegen aber mit Ausnahme der für $2\alpha = 6°$ gültigen Werte insgesamt höher.

Die in Abbildung 16 unter c) gezeichneten Schaulinien sind nach Gleichung (41) aus der Abbildung 15c entstanden. Sie zeigen infolge der geänderten Voraussetzungen einen deutlichen Unterschied gegenüber den nach R.HILL und S.J.TUPPER [15] ermittelten Kurvenscharen. Der Versuch wird zeigen, daß die hier neu vorgeschlagene Näherungslösung die bessere ist.

Alle drei in Abbildung 16 zusammengestellten Kurvenscharen erreichen für kleine Querschnittsabnahmen die Aufstauchgrenze. Die Querschnittsabnahme, bei der das Aufstauchen vor dem Ziehhol einsetzt, liegt umso höher, je größer der Ziehholöffnungswinkel ist.

Die Reibung kann in allen Fällen nach der Gleichung

Seite 54

$$\frac{\sigma_z}{2k} = \frac{\sigma_z^*}{2k}(1 + \mu\, \text{ctg}\,\alpha) \qquad (46)$$

berücksichtigt werden, die sich in elementarer Weise aus dem Gleichgewicht am Werkstückstreifen ergibt. Für das ebene Ziehen erhält man nach A.P.GREEN und R.HILL [16] die genauere Beziehung

$$\frac{\sigma_z}{2k} = \frac{\sigma_z^*}{2k}\left[(1 + \mu\,\text{ctg}\,\alpha) - \mu(0{,}2 + 0{,}08\,\varepsilon_h\,\text{ctg}^2\alpha)\right]. \qquad (47)$$

Es ist wenig sinnvoll, die damit gegebene Berichtigung der Gleichung (46) auch beim Ziehen von Rundstäben vorzunehmen, da hierbei die bezogene Ziehspannung $\sigma_z^*/2k$ nicht mehr mit derselben Genauigkeit wie beim ebenen Ziehen zu bestimmen ist. Ein weiterer Grund, warum man besser mit der einfacheren Gleichung (46) rechnet, ist, daß auch für den Reibungsbeiwert μ stets nur gewisse Bereiche angegeben werden können.

Um die beim Ziehen auftretende Kaltverfestigung zu erfassen, wird im Anschluß an die schon im Abschnitt 2.1 erwähnten Feststellungen von E.G. THOMSEN [21] angenommen, daß die bezogene Ziehspannung vom Verfestigungsverhalten des Werkstückstoffes unabhängig ist. Bezeichnet man vorübergehend σ_z als Ziehspannung ohne Verfestigung und σ_{z_V} als Ziehspannung mit Verfestigung, dann soll also gelten

$$\frac{\sigma_z}{2k} = \frac{\sigma_{z_V}}{k_{fm}}. \qquad (46a)$$

Darin ist k_{fm} die mittlere Formänderungsfestigkeit, die sich in bekannter Weise über das Arbeitsintegral aus den vor und nach der Umformung gemessenen Streckgrenzen ergibt. Um die gesuchte Ziehspannung σ_{z_V} zu erhalten, muß man demnach die beiden Seiten der Gleichung (46) mit k_{fm} multiplizieren. Liegt dagegen eine durch einen einachsigen Zug- oder Druckversuch ermittelte Fließkurve $k_f(\varphi)$ des nicht vorverformten Ziehgutwerkstoffes vor, dann kann man statt dessen nach R.HILL und S.J.TUPPER [15] auch folgendermaßen verfahren. Unter der Voraussetzung, daß der Verzerrungszustand vom Verfestigungsverhalten des Werkstoffes unabhängig ist, läßt sich die bezogene Ziehspannung $\sigma_z^*/2k$ als eine äquivalente Formänderung $\sigma_{äq}^*$ deuten, die wegen der Inhomogenität der Umformung größer ist als die geometrische Formänderung φ. Die die Kaltverfestigung berücksichtigende Ziehspannung folgt dann aus der Gleichung

$$\sigma^*_{Z_V} = \int_0^{\varphi^*_{äq}} k_f \, d\varphi = \int_0^{\frac{\sigma^*_Z}{2k}} k_f \, d\varphi \quad . \tag{48}$$

Um ein Maß für die Abweichung eines Ziehvorganges von der entsprechenden homogenen Umformung zu erhalten, empfiehlt es sich, in Anlehnung an J.G. WISTREICH [18] die Größen

$$\emptyset^* = \frac{\varphi^*_{äq}}{\varphi} = \frac{\sigma^*_{Z_V}}{k_{fm}\varphi}$$

$$\emptyset = \frac{\varphi_{äq}}{\varphi} = \frac{\sigma_{Z_V}}{k_{fm}\varphi(1+\mu \, ctg\,\alpha)} \tag{49}$$

einzuführen, die hier Schiebungseinflußzahlen genannt werden sollen. Sie sind nur dann einander gleich, wenn Gleichung (46) als gültig angesehen werden kann. Ihre Unterscheidung ist wichtig, wenn man verschiedene Theorien des Ziehvorganges miteinander vergleichen will.

3.3 Die Einstoßspannung

Der Einstoßvorgang läßt sich nach W.LUEG und K.-H.TREPTOW [19] auf das Ziehen mit Gegenzug zurückführen, wenn man sich vorstellt, daß bei fehlendem Vorwärtszug ein negativer Rückwärtszug am Ziehgut angreift. Aus der dafür von F.KÖRBER und A.EICHINGER [4] aufgestellten Gleichung entwickelten W.LUEG und K.-H.TREPTOW [19] einen Ausdruck für die Einstoßspannung[2]

$$\sigma_E = \sigma_Z \left(\frac{F_o}{F_1}\right)^{\frac{\mu}{\alpha}} = \frac{\sigma_Z}{(1-\varepsilon_F)^{\frac{\mu}{\alpha}}} \quad . \tag{50}$$

Nach der oben schon besprochenen Vorstellung von R.HILL [38], daß sich das Einstoßen vom Ziehen nur durch einen überlagerten hydrostatischen Druck unterscheidet, ergibt sich eine von W.DAHL und W.LUEG [20] ausgerechnete Gleichung für die Einstoßkraft

$$P_E = \frac{P_Z}{1-\varepsilon_F(1+\mu \, ctg\,\alpha)} \quad . \tag{51}$$

---

2. Der oben zur Kennzeichnung der Verfestigung vorübergehend benutzte Index V wird im folgenden der Einfachheit halber wieder weggelassen.

Daraus folgt für die Einstoßspannung

$$\sigma_E = \sigma_Z \frac{1-\varepsilon_F}{1-\varepsilon_F(1+\mu\,\text{ctg}\,\alpha)} \quad . \tag{52}$$

Sowohl Gleichung (50) als auch Gleichung (52) ergeben für den Grenzfall $\varepsilon_F = 0$, daß die Einstoßspannung gleich der Ziehspannung ist. Die bisher durchgeführten Versuche haben aber ergeben, daß das Verhältnis σ_E/σ_Z stets größer als 1 ist.

W.DAHL und W.LUEG [20] haben deshalb angenommen, daß der Reibungsbeiwert beim Einstoßen größer ist als beim Ziehen. Die Gleichung (52) erhält dann die Form

$$\sigma_E = \sigma_Z \frac{1+\mu_E\,\text{ctg}\,\alpha}{1+\mu_Z\,\text{ctg}\,\alpha} \cdot \frac{1-\varepsilon_F}{1-\varepsilon_F(1+\mu_E\,\text{ctg}\,\alpha)} \quad . \tag{53}$$

Die Erfahrung, daß zum Einstoßen eine größere Spannung benötigt wird als zum Ziehen, ist in den Gleichungen (50) bis (53) dadurch erklärt, daß beim Einstoßen nur der Anteil der Reibung am Formänderungswiderstand größer ist, während der Schiebungsanteil unverändert angenommen wird.

In Wirklichkeit wird sich jedoch nach den Ausführungen des Abschnitts 2.5 auch der Verzerrungszustand ändern. Die dadurch gegenüber dem Ziehen zusätzlich hervorgerufenen Werkstoffschiebungen werden um so größer sein, je stärker sich die Randeinflüsse der Umformzone auf den Werkstofffluß auswirken können, d.h. je schmaler die Umformzone im Vergleich zum Stabdurchmesser ist. Demnach wird der Fehler, den man bei der Anwendung der obigen Gleichungen macht, mit abnehmender Querschnittsabnahme und wachsendem Ziehholöffnungswinkel immer größer. Insbesondere erklärt sich daraus, warum man nach diesen Berechnungen für $\varepsilon_F = 0$ nicht $\sigma_E > \sigma_Z$ erhält.

Als weiterer Grund für das Versagen der Gleichungen im Bereich kleiner Querschnittsabnahmen muß angeführt werden, daß die vor dem Ziehhol eintretenden Werkstoffaufstauchungen beim Einstoßen wegen des höheren Werkzeugdruckes größer sind als beim Ziehen. Diese weiter unten durch Versuche belegte Tatsache hat zur Folge, daß die wirksame Querschnittsabnahme und damit auch die zur Umformung benötigte Spannung beim Einstoßen ebenfalls größer ist als beim Ziehen.

Diese Feststellung zeigt, daß Vergleiche zwischen den nach den Gleichungen (50) bis (53) erhaltenen Rechenergebnissen und Versuchswerten nur mit Vorsicht angestellt werden sollten, wenn die Querschnittsabnahme gegen Null geht, da dann die Verformung überwiegend elastisch ist und die Gleichungen aufgrund ihrer Voraussetzungen nicht mehr gelten können. Aus diesem Grunde ist es beispielsweise abwegig, nach Gleichung (53) aus einem bei $\varepsilon_F = 0$ extrapolierten Spannungsverhältnis den Unterschied zwischen μ_E und μ_Z errechnen zu wollen.

Aus den angegebenen Gründen ist eine Berichtigung der besprochenen Gleichungen erforderlich. In Ermangelung eines genaueren Rechenverfahrens soll für das Einstoßen eine weitere Schiebungseinflußzahl $\emptyset_E$ eingeführt werden, die angibt, wievielmal die äquivalente Formänderung beim Einstoßen größer ist als beim Ziehen

$$\emptyset_E = \frac{(\varphi_{äq})_{Einstoßen}}{(\varphi_{äq})_{Ziehen}} \quad . \tag{54}$$

Ihre Einführung in Gleichung (52) ergibt

$$\sigma_E = \sigma_Z \, \emptyset_E \, \frac{1-\varepsilon_F}{1-\varepsilon_F(1+\mu \, ctg\, \alpha)} \quad . \tag{55}$$

Setzt man darin σ_Z nach Gleichung (46) ein und berücksichtigt in der angegebenen Weise die Kaltverfestigung, dann folgt schließlich

$$\sigma_E = \frac{\sigma_Z^*}{2k} \, k_{fm} \, \emptyset_E \, \frac{(1-\varepsilon_F)(1+\mu \, ctg\, \alpha)}{1-\varepsilon_F(1+\mu \, ctg\, \alpha)} \quad . \tag{56}$$

Damit ist das Einstoßen auf den bereits gelösten Fall des Ziehens eines ideal-plastischen Körpers zurückgeführt. $\emptyset_E$ kann jedoch einstweilen nur durch Versuche ermittelt werden.

4. Zieh- und Einstoßversuche an Rundstäben aus Stahl

4.1 Versuchswerkstoff und Versuchsdurchführung

Als Versuchswerkstoff wurde ein beruhigt vergossener, alterungsbeständiger Siemens-Martin-Stahl gewählt. Um den Einfluß unterschiedlicher chemischer Zusammensetzung zu vermeiden, wurden sämtliche Ziehstäbe aus ein- und derselben Schmelze hergestellt. Die für verschiedene Nenn-Enddurchmesser in Tabelle 1 zusammengestellten Ergebnisse der chemischen Analysen bestätigen die erzielte Gleichmäßigkeit des Ziehgutes. In der gleichen Tabelle sind auch die mechanischen Kennwerte des Werkstoffs im Anlieferungszustand eingetragen, die allerdings etwas mehr streuen.

Die Versuchsstäbe waren in allen Fällen 1,5 m lang. Ihre Durchmesser wurden so abgestuft, daß sich beim Ziehen an Enddurchmesser von 5; 7,5; 10; 17 und 25 mm Querschnittsabnahmen von 2,5; 5; 10; 17,5 und 25% ergaben. Beim Ziehen auf einen Enddurchmesser von 40 mm konnte ein Abzug von 25% nicht mehr erreicht werden, weil die dazu erforderliche große Kraft die Leistungsgrenze der verwendeten Ziehbank überstieg. Die beiden letzten Querschnittsabnahmen wurden deshalb in diesem Fall auf 15 und 20% festgesetzt. Alle Ziehstäbe waren vor der Umformung durch Glühen normalisiert und im Anschluß daran sorgfältig mechanisch bearbeitet; die mit den Nenn-Enddurchmessern 5; 7,5 und 10 mm waren spitzenlos geschliffen, die übrigen geschält. Tabelle 2 gibt die größten und kleinsten Istwerte der nach der Bearbeitung vorliegenden Stabanfangsdurchmesser wieder. Dabei handelt es sich jeweils um Mittelwerte aus acht mit einer Feinmeßschraube an einem Probestab durchgeführte Messungen.

Abbildung 17 zeigt das Gefüge des Versuchswerkstoffs im Anlieferungszustand im Längsschliff. Bei den auf einen Enddurchmesser von 40 mm zu ziehenden Stäben lag danach ein einwandfreies Normalisierungsgefüge vor. Dagegen zeigten die Proben mit dem Nenn-Enddurchmesser 5 mm und in geringerem Maße auch die mit 7,5 mm über dem ganzen Querschnitt Kornstreckungen und Gleitlinien innerhalb der Körner, die von der vorhergehenden Kaltverarbeitung herrühren und durch die Glühbehandlung nicht beseitigt wurden. Alle übrigen Versuchsstäbe waren jedoch frei von Vorverformungen.

Die verwendeten Ziehwerkzeuge waren für die Durchmesser 5 und 7,5 mm aus Hartmetall und für die restlichen Abmessungen aus einem Werkzeugstahl hergestellt. Ihre kegeligen Ziehtrichter hatten Öffnungswinkel von $6°$, $12°$, $18°$ und $24°$. Eine zylindrische Führungslänge war in allen Fällen nicht vorhanden. Die Abmessungen der Ziehhole sind in Tabelle 3 zusammengestellt. Der Ziehholöffnungswinkel wurde mit einem Alfameter nach W.LUEG [39], der Durchmesser im engsten Querschnitt mit einem Innenfeinmeßgerät oder bei kleineren Werten mit einem von A.METZ [40] beschriebenen Ziehsteinmeßmikroskop gemessen.

Die Versuche wurden auf der hydraulischen 25-t-Stangenziehbank des Max-Planck-Instituts für Eisenforschung durchgeführt, die von F.WEVER, W.LUEG

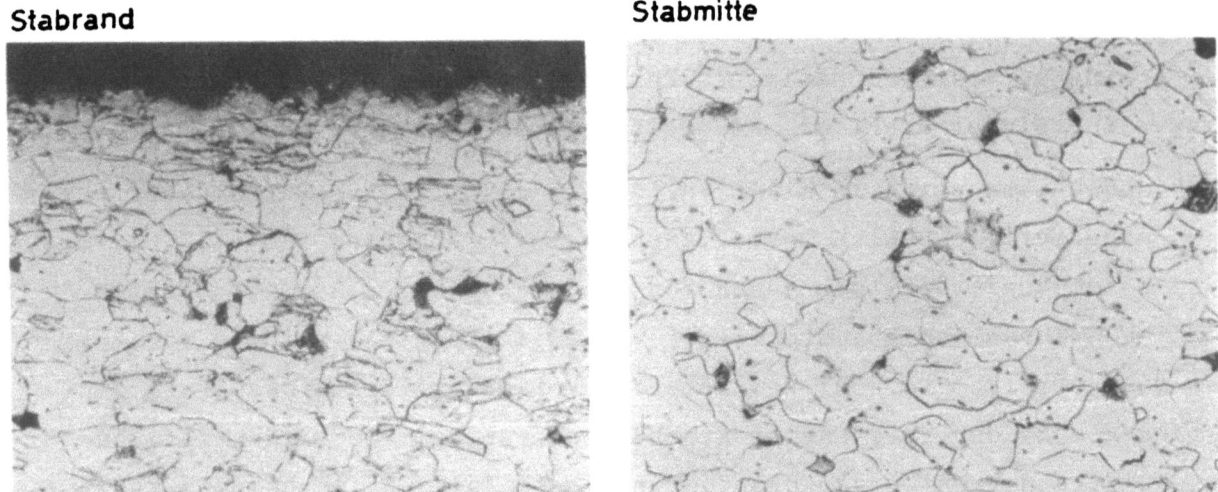

Stabenddurchmesser 5mm
200 : 1

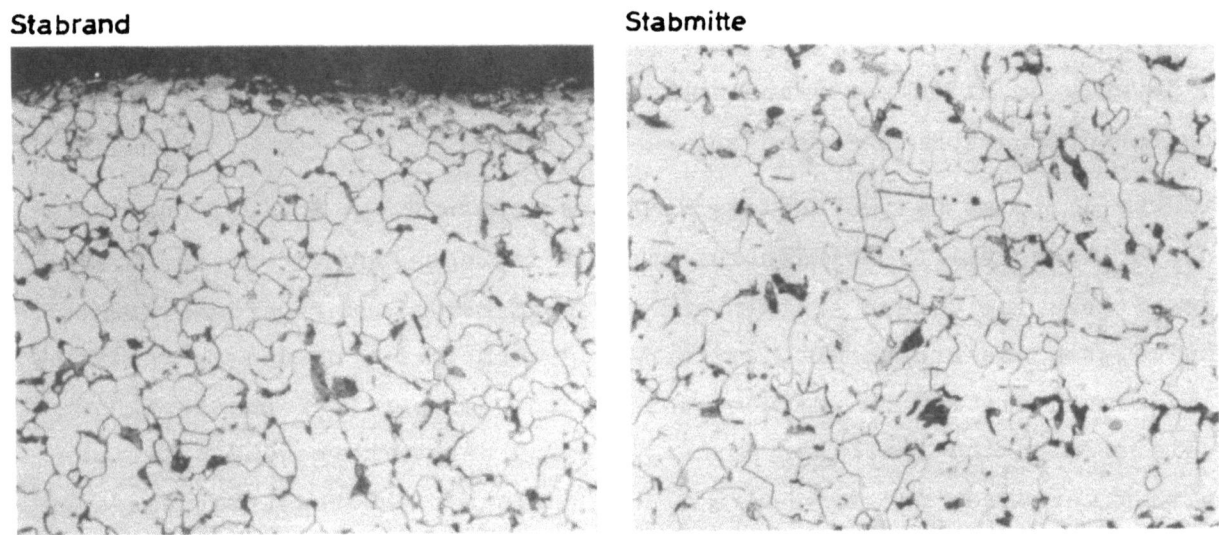

Stabenddurchmesser 40mm
200 : 1

A b b i l d u n g   17

Gefüge des Versuchswerkstoffes im Anfangszustand, Längsschliffe

und P.FUNKE jun. [41] sowie von W.LUEG und O.PAWELSKI [42] bereits eingehend beschrieben worden ist. Sie ist mit einer Einstoßvorrichtung ausgerüstet und gestattet eine stufenlose Änderung der Ziehgeschwindigkeit, die bei den hier beschriebenen Versuchen auf 0,083 m/s (5 m/min) eingestellt wurde.

Die Versuchsstäbe wurden vor der Umformung in 1:1 verdünnter Salpetersäure gebeizt und anschließend gekälkt. Diejenigen Stäbe, die Enddurchmesser von 17, 25 und 40 mm erhalten sollten, wurden vor dem Ziehen mit ihrem vollen Querschnitt eingestoßen, während alle anderen durch Drehbearbeitung Ziehangeln erhielten. Beim Einstoßen und Ziehen diente reichlich von Hand auf die Stäbe gestrichenes Rüböl als Schmiermittel.

Nach der Umformung wurde in ähnlicher Weise wie bei den unverformten Probestäben aus vier Messungen der Durchmesser des eingestoßenen Stabteils und aus acht Messungen derjenige des gezogenen Abschnitts ermittelt.

Zur Bestimmung der mittleren Formänderungsfestigkeit k_{fm} wurden in Anlehnung an E.SIEBEL [2] Dehnungsversuche vor und nach dem Ziehen durchgeführt, bei denen als Ersatz für die häufig nicht ausgeprägte Streckgrenze die 0,2%-Dehngrenze $\sigma_{o,2}$ durch Feindehnungsmessung ermittelt wurde, Abbildung 18. Die Dehnproben wurden ohne weitere Bearbeitung mit einer Länge von 10 d_1 + 150 mm aus den Ziehstäben herausgesägt. Auf die Herstellung von Normproben und die damit verbundene Oberflächenbearbeitung wurde bewußt verzichtet, um zu erreichen, daß die beim Ziehen entstandene, ungleichförmig über dem Querschnitt verteilte Verfestigung vollständig in die Meßwerte einging. Für den Stabenddurchmesser 40 mm konnten auf diese Weise jedoch keine einwandfreien Ergebnisse erzielt werden, da hierbei die Dehnproben häufig aus den Einspannungen herausgezogen wurden. In den weiter unten durchgeführten Berechnungen wurde daher das Verfestigungsverhalten dieser Abmessung gleich dem der Stäbe mit dem nächstkleineren Enddurchmesser von 25 mm angenommen.

Die Abhängigkeit der 0,2%-Dehngrenze $\sigma_{o,2}$ vom Ziehholöffnungswinkel war nicht immer eindeutig. Im allgemeinen konnte zwar ein Anstieg mit wachsendem Öffnungswinkel festgestellt werden, doch waren die Änderungen nicht größer als die Abweichungen bei wiederholten Messungen an noch nicht verformten Proben. In Abbildung 18 wurden deshalb Mittelwerte aus den für $2\alpha = 6°$, $12°$, $18°$ und $24°$ bestimmten Meßergebnissen eingetragen.

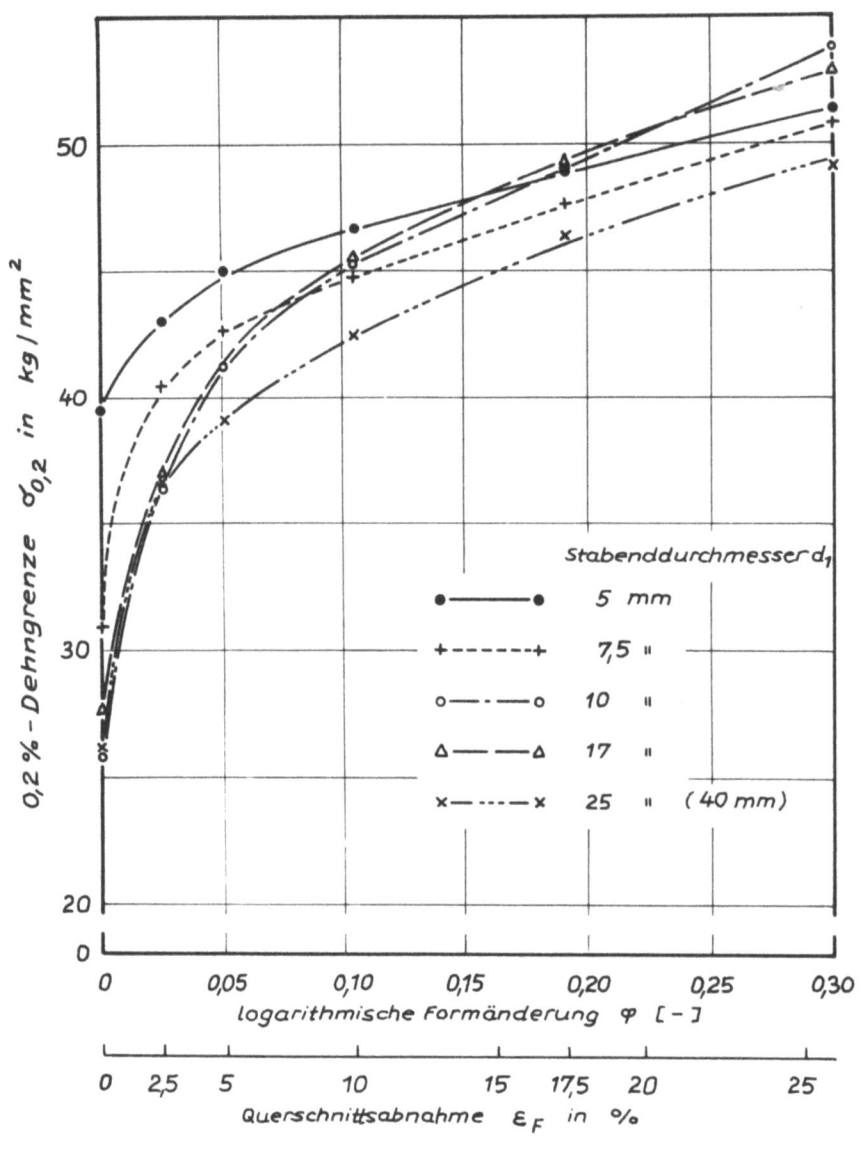

Abbildung 18

0,2%-Dehngrenze $\sigma_{0,2}$ des Versuchswerkstoffs in Abhängigkeit von der Formänderung beim Ziehen

Daß sich trotz des gleichen Werkstoffs für die verschiedenen Stabenddurchmesser nicht eine einzige Kurve ergeben hat, ist einerseits darauf zurückzuführen, daß wegen des Verzichts auf genormte Zugproben größere Streuungen möglich waren und andererseits dadurch zu erklären, daß die Versuchsstäbe in verschiedenen Betrieben normalisiert worden sind. Bei den für den Stabenddurchmesser 5 mm erhaltenen Werten zeigt sich deutlich der schon erwähnte Einfluß der durch die Wärmebehandlung nicht völlig beseitigten Vorverfestigung. Die dazugehörige Schaulinie beginnt deshalb mit einer wesentlich höheren Spannung und verläuft dann flacher als die übrigen.

4.2 Versuchsergebnisse und deren Vergleich mit den Berechnungen

4.21 Ziehspannungen

Die beim Ziehen auftretenden Kräfte wurden mit einem mit Dehnungsmeßstreifen beklebten Zugmeßglied gemessen und oszillographisch über dem Ziehweg aufgetragen. Zur Berechnung der Ziehspannung wurde aus den Schrieben ein mittlerer Wert entnommen, da sich die Ziehkraft nur wenig im Verlauf der stationären Umformung änderte.

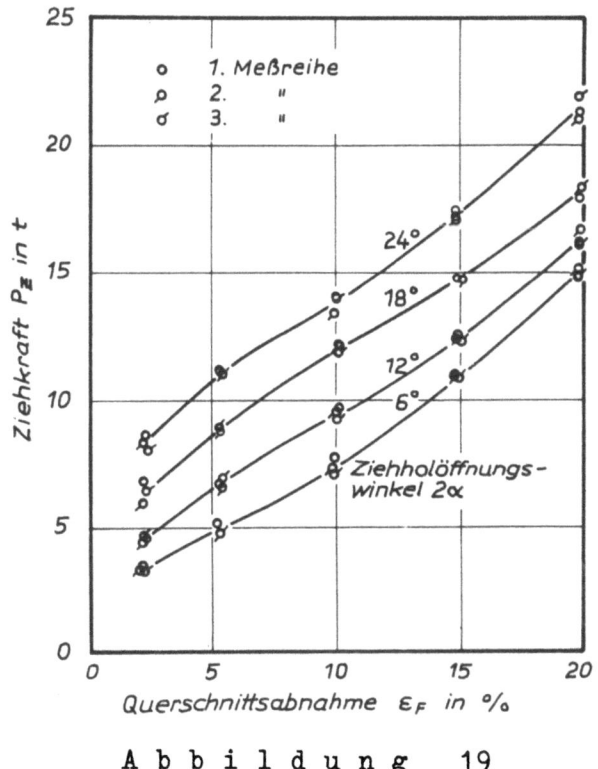

Abbildung 19

Gemessene Ziehkräfte beim Ziehen auf einen Stabenddurchmesser d_1 = 40 mm

Jeder Versuch wurde zweimal wiederholt. Wie Abbildung 19 für den Stabenddurchmesser 40 mm zeigt, stimmten die Ergebnisse der drei Meßreihen befriedigend überein.

In den Tabellen 4 bis 9 sind die erreichten Querschnittsabnahmen, die gemessenen Kräfte und die daraus errechneten Spannungen sämtlicher Versuche zusammengestellt. Bei einem Vergleich der eingetragenen Werte ist zu beachten, daß bei 17 und 25 mm Enddurchmesser die dritte Meßreihe höhere Spannungen enthält als die beiden übrigen, da die hierbei verwendeten Ziehstäbe nach dem Beizen starken Rost angesetzt hatten.

Aus den über der bezogenen Querschnittsabnahme dargestellten, hier jedoch nicht wiedergegebenen Ausgleichslinien der Meßwerte wurden die Ziehspannungen für 2,5; 5; 10; 15; 20 und 25% Querschnittsabnahmen entnommen und durch die zugehörige mittlere Formänderungsfestigkeit geteilt. Auf diese Weise ist Abbildung 20 entstanden. Um darin zu zeigen, wie stark das Ziehen von der homogenen Reckung abweicht, ist noch die Linie $\varphi = f(\varepsilon_F)$ gestrichelt eingezeichnet.

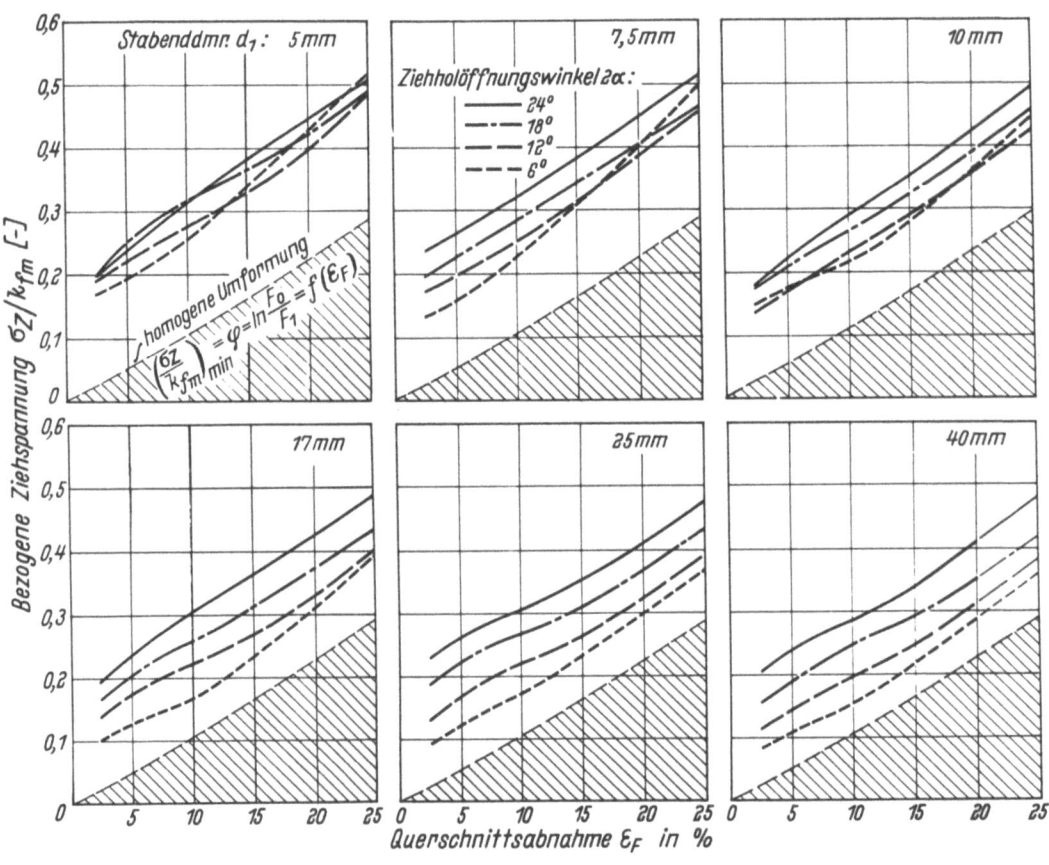

Abbildung 20

Abhängigkeit der bezogenen Ziehspannung von der Querschnittsabnahme, dem Ziehholöffnungswinkel und dem Stabenddurchmesser
(Ausgleichslinien aus je drei Meßreihen)

Die Darstellungen lassen erkennen, daß die bezogene Ziehspannung in bekannter Weise mit der Querschnittsabnahme zunimmt. Während jedoch die in früheren Messungen erhaltenen Schaulinien meistens gerade oder nur einfach gekrümmt waren, zeigen hier die Kurvenscharen häufig eine Doppelkrümmung.

Mit wachsendem Ziehholöffnungswinkel nehmen die Ziehspannungen im allgemeinen ebenfalls zu. Nur bei den kleineren Stabenddurchmessern 5; 7,5 und 10 mm durchschneidet die für $2\alpha = 6°$ über ε_F aufgetragene Ziehspannungslinie die für die übrigen Ziehholöffnungswinkel geltende Kurvenschar.

Wenn man für diese Stababmessungen und für verschiedene Querschnittsabnahmen die Ziehspannungen über dem Ziehholöffnungswinkel aufträgt, dann ergeben sich Linien, die bei größeren Querschnittsabnahmen Tiefstwerte haben. Die zugehörigen günstigsten Ziehholöffnungswinkel nehmen mit wachsender Querschnittsabnahme zu. Während diese Ergebnisse schon von früheren Untersuchungen her bekannt sind, kann hier zusätzlich festgestellt werden, daß der günstigste Winkel auch durch den Stabenddurchmesser beeinflußt wird, und zwar in der Weise, daß er bei gleichbleibender Querschnittsabnahme mit wachsender Stabdicke kleiner wird.

Die möglichen Gründe für diesen Sachverhalt sollen weiter unten angegeben werden, wenn der Einfluß des Stabenddurchmessers auf den Ziehvorgang besprochen wird.

Im übrigen soll hier auf die Erscheinung des günstigsten Ziehholöffnungswinkels nicht näher eingegangen werden. Dazu sei auf J.G.WISTREICH [18] verwiesen, der festgestellt hat, daß sowohl nach der Theorie von E.SIEBEL [6] als auch nach der von R.HILL und S.J.TUPPER [15] zu große Werte für den günstigsten Winkel vorausgesagt werden.

Vergleicht man in Abbildung 20 die für die verschiedenen Stabenddurchmesser erhaltenen Ziehspannungslinien miteinander, dann fällt auf, daß bei gleichen Ziehbedingungen die Spannungen mit wachsendem Stabenddurchmesser kleiner werden. Dieses Verhalten soll ebenfalls weiter unten näher untersucht werden.

In den Abbildungen 21a und b sind nach verschiedenen Theorien berechnete Ziehspannungen den eigenen Versuchsergebnissen und für die Ziehholöffnungswinkel $12°$ und $24°$ auch den von J.G.WISTREICH [18] an Kupferdrähten gefundenen Ergebnissen gegenübergestellt. In Anlehnung an die von J.G. WISTREICH gewählte Darstellung wurde dabei auf der Ordinate die bezogene Ziehspannung durch $1 + \mu \ ctg\alpha$ dividiert, um nach der elementaren Theorie den Reibungseinfluß abzutrennen. Der für die vorliegenden Versuche eingesetzte Reibungsbeiwert wurde dabei aus der Annahme ermittelt, daß bei $2\alpha = 6°$ und $\varepsilon_F = 25\%$ der Ziehvorgang von der Umformgeometrie her schon so homogen ist, daß der Einfluß der inneren Schiebungen gegenüber der Reibung zu vernachlässigen ist. Unter diesen Bedingungen wurde demnach

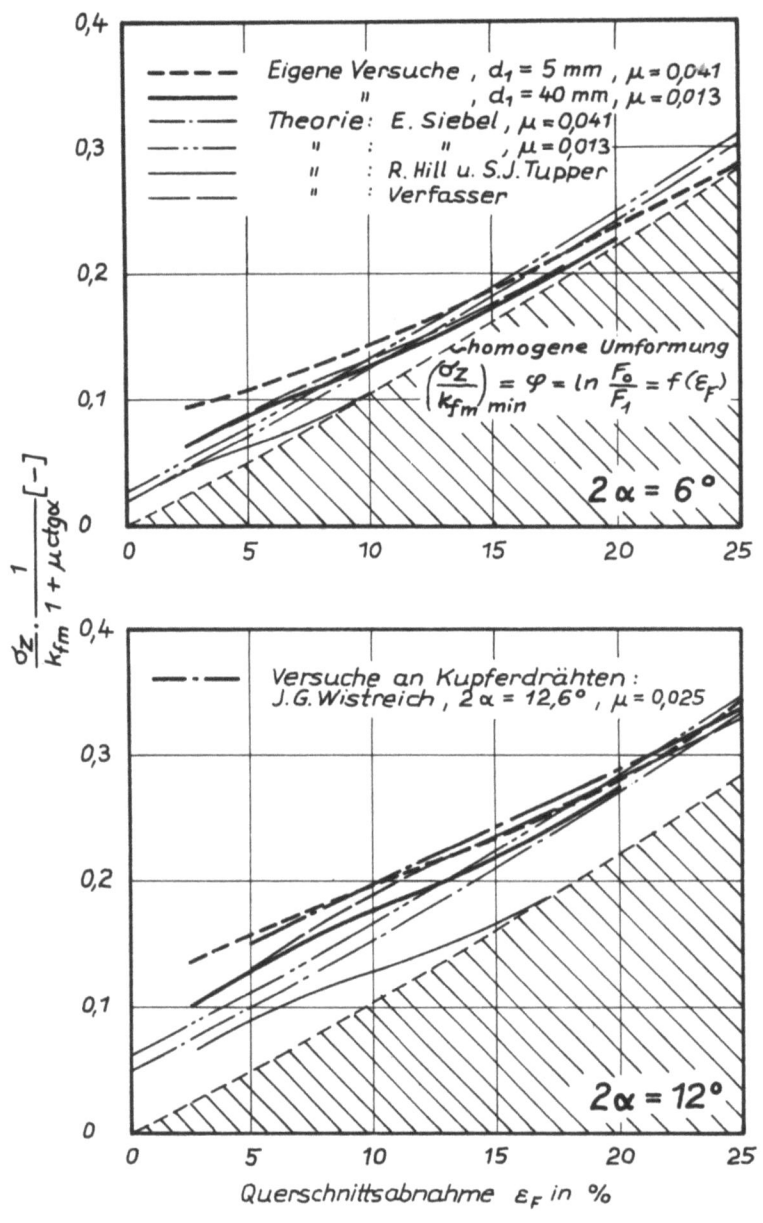

Abbildung 21a

Vergleich der nach verschiedenen Theorien errechneten Ziehspannungen mit Versuchsergebnissen

μ aus der Gleichung $\sigma_Z = k_{fm} \varphi (1 + \mu \operatorname{ctg} \alpha)$ berechnet. Gestützt auf Versuchsergebnisse von J.G. WISTREICH [18] wurde ferner angenommen, daß der Reibungsbeiwert unabhängig von der Querschnittsabnahme und dem Ziehholöffnungswinkel ist.

Nach E. SIEBEL [6] ergeben sich stets nur einfach gekrümmte Schaulinien. Bei kleinen Ziehholöffnungswinkeln liegen sie im unteren Bereich der Querschnittsabnahmen unter den Versuchswerten, im oberen Bereich darüber.

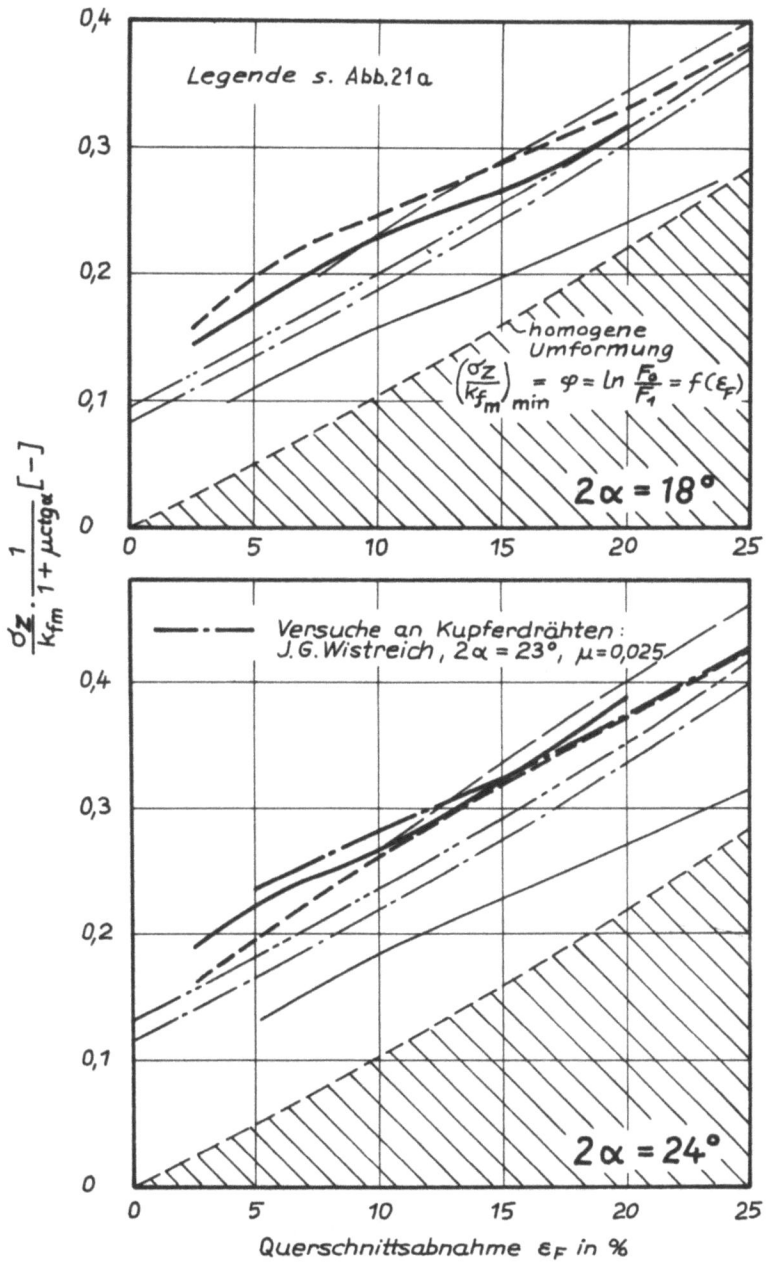

Abbildung 21b

Vergleich der nach verschiedenen Theorien errechneten Ziehspannungen mit Versuchsergebnissen

Hieran ist deutlich zu erkennen, daß die Annahme von E.SIEBEL, nach der die inneren Schiebungen von der Querschnittsabnahme unabhängig sein sollen, nicht zutrifft. Bei großen Öffnungswinkeln liegen die Schaulinien für alle betrachteten Querschnittsabnahmen unter den gemessenen Werten.

Die nach R.HILL und S.J.TUPPER [15] ausgerechneten Spannungen haben mit den Versuchswerten zwar die Doppelkrümmung gemeinsam, doch liegen sie zahlenmäßig stets beträchtlich unter ihnen.

Die besten Übereinstimmungen zwischen Rechnung und Versuch werden nach der in der vorliegenden Arbeit neu vorgeschlagenen Theorie erreicht. Bei den Ziehholöffnungswinkeln $6°$ und $12°$ liegen die danach berechneten Schaulinien für alle hier gewählten Querschnittsabnahmen innerhalb des Bereiches, der von den zwei bzw. drei gemessenen Kurven eingeschlossen wird. Zieht man dagegen mit den beiden größeren Winkeln $18°$ und $24°$, dann werden zwar für die über etwa 15% liegenden Querschnittsabnahmen zu hohe Spannungen berechnet, der dabei gemachte Fehler liegt aber noch unter 10%.

Für den rotationssymmetrischen Ziehvorgang mit $\sigma_g/2k = -0,5$ hatten sich nach der hier neu vorgeschlagenen Theorie nach Abbildung 16 für die Ziehspannung ähnliche Kurvenscharen wie nach R.HILL und S.J.TUPPER [15] ergeben. Da sie jedoch zahlenmäßig etwas über diesen liegen, stimmen sie nach dem oben Gesagten besser mit den Versuchsergebnissen überein. Wenn dennoch deutliche Abweichungen gegenüber den gemessenen Werten bestehen bleiben, so wird doch richtig wiedergegeben, daß die beim Draht- oder Stangenziehen benötigten Spannungen zwar in ähnlicher Weise von den geometrischen Ziehbedingungen abhängen wie beim ebenen Ziehen, daß aber ihr Betrag stets größer als beim ebenen Ziehen ist. Daraus mag rückwärts geschlossen werden, daß die oben für rotationssymmetrisches Ziehen berechneten Spannungszustände zumindest qualitativ richtig sind.

Einen guten Überblick über den Einfluß der inneren Schiebungen auf die Ziehspannung in Abhängigkeit von den geometrischen Ziehbedingungen erhält man, wenn man wie in Abbildung 22 die Schiebungseinflußzahlen ϕ^* bzw. ϕ nach Gleichung (49) über einer hier mit Ziehholformzahl bezeichneten Größe Δ aufträgt, die von A.P.GREEN und R.HILL [16] eingeführt und später auch von J.G.WISTREICH [18] benutzt wurde. Δ ist das aus dem Meridianschnitt des Ziehhols zu entnehmende Verhältnis zwischen dem die Mittelpunkte der beiden Berührungsstrecken verbindenden Kreisbogen und der Berührungslänge. Die aus dieser Definition abgeleitete Gleichung für Δ sowie danach berechnete Zahlenwerte für die hier gewählten Ziehbedingungen finden sich in Tabelle 10. Die Versuche ergaben nach linearem Ausgleich für alle Abmessungen die Beziehung

$$\phi = A + B \Delta, \qquad (57)$$

worin A zwischen 0,79 und 0,89 und B zwischen 0,20 und 0,24 lag. Der mittlere Fehler der Konstanten betrug etwa 5%. J.G.WISTREICH [18,43]

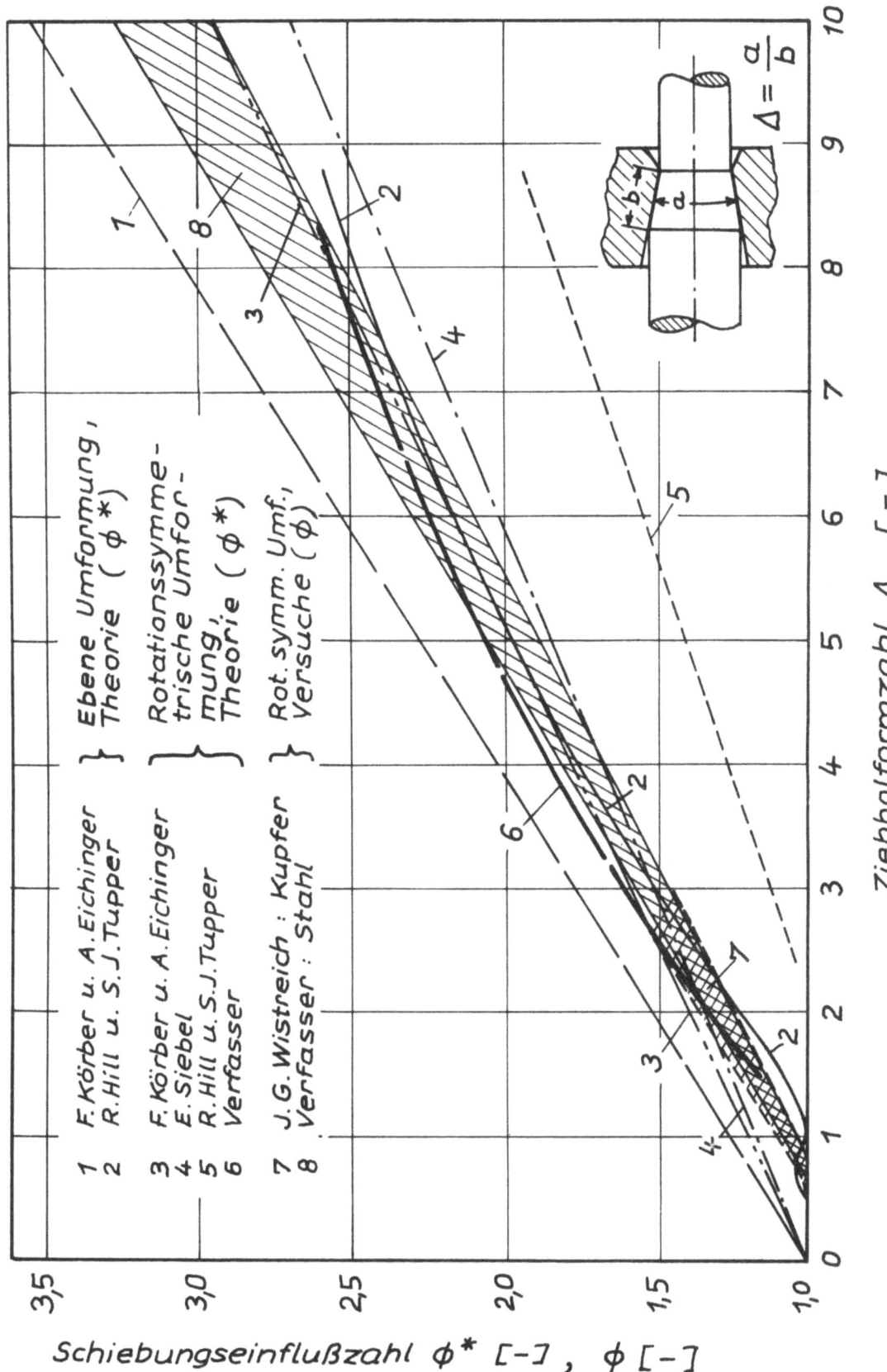

Abbildung 22

Einfluß der inneren Schiebungen in Abhängigkeit von der Ziehholform; Vergleich zwischen verschiedenen Theorien und Versuchsergebnissen

Seite 69

gibt für das Ziehen von vorverfestigten Kupferdrähten an

$$\emptyset = 0{,}87 + 0{,}25\,\Delta - 0{,}50\,\alpha \quad . \qquad (58)$$

Die durch die Gleichungen (57) und (58) beschriebenen Bereiche sind in Abbildung 22 schraffiert eingezeichnet. Sie stimmen erstaunlich gut überein, obwohl ihnen zwei unterschiedliche Werkstoffe zugrunde liegen. Hier bestätigt sich wieder die eingangs gemachte Feststellung, daß der Verzerrungszustand beim Ziehen in erster Linie nur von der Umformgeometrie abhängt. Die Werte von J.G.WISTREICH sind bis $\Delta \approx 3$ angegeben; das ist die obere Grenze für das betriebliche Drahtziehen. Beim Stangenziehen treten häufig höhere Ziehholformzahlen auf, da es sich hierbei vielfach nur um Kalibrierungszüge mit kleinen Querschnittsabnahmen handelt.

Bei $\Delta > \approx 10$ wird nach den im späteren Abschnitt 4.24 beschriebenen Messungen die Aufstauchgrenze erreicht. Dieser Wert liegt deutlich höher als der für ebenes Ziehen geltende theoretische Wert von höchstens 8,7. In Übereinstimmung mit J.G.WISTREICH [43] kann ferner festgestellt werden, daß der Einfluß der inneren Schiebungen für etwa $\Delta \leqq 0{,}9$ zu vernachlässigen ist. Da bei $\varepsilon_F = 25\%$ und $2\alpha = 6°$ die Ziehholformzahl $\Delta = 0{,}729$ ist, kann demnach der oben zur Berechnung der Reibungsbeiwerte beschrittene Weg als gangbar angesehen werden.

Den in Abbildung 22 dargestellten Versuchsergebnissen für $\emptyset$ sind wieder die nach verschiedenen Theorien für ebenes und rotationssymmetrisches Ziehen berechneten Schaulinien für $\emptyset^*$ gegenübergestellt. Beim Vergleich ist zu beachten, was im Anschluß an Gleichung (49) über die Unterschiede zwischen $\emptyset$ und $\emptyset^*$ gesagt wurde.

Aus Abbildung 22 ist zu erkennen, daß es zur Übertragung der für das ebene Ziehen gültigen Theorien auf das Ziehen von Rundstäben neben der schon vorgeschlagenen Möglichkeit noch eine andere gibt, die auch auf brauchbare Ergebnisse führt. Wie der Verlauf der Schaulinie 2 zeigt, kann man nämlich annehmen, daß bei gleicher Ziehholformzahl auch die Schiebungseinflußzahlen für ebenes und rotationssymmetrisches Ziehen annähernd übereinstimmen. Damit können die in Abbildung 16a gezeichneten Kurvenscharen berichtigt werden. Bei Ziehholformzahlen unter 2 ergeben sich jedoch auf diese Weise zu niedrige Rechenwerte.

4.22 Einstoßspannungen

Die Abhängigkeit der Einstoßspannungen von der Querschnittsabnahme und dem Ziehholöffnungswinkel ähnelt der der Ziehspannungen. Aufschluß über den Unterschied beider Umformvorgänge gibt Abbildung 23, in der die

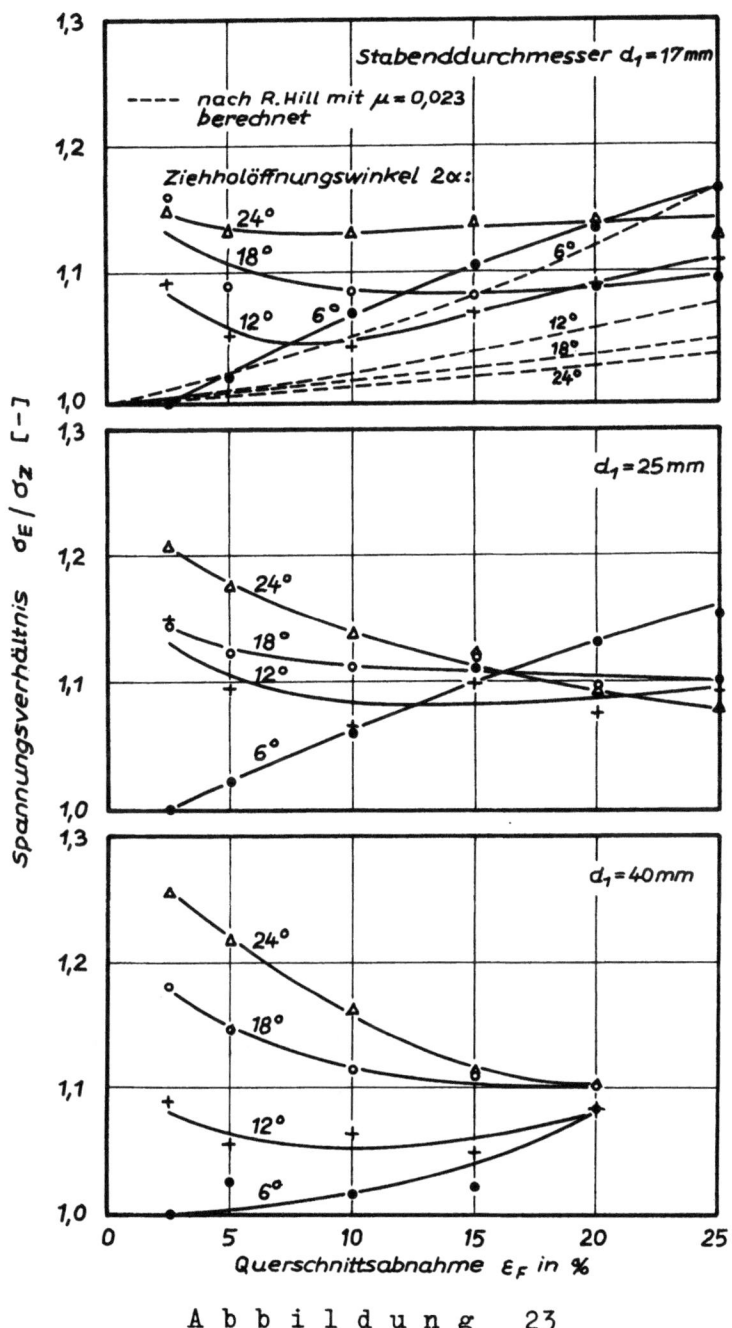

Abbildung 23

Gemessenes Verhältnis zwischen Einstoßspannung und Ziehspannung (eingetragene Punkte aus Ausgleichslinien für σ_E und σ_Z)

Spannungsverhältnisse σ_E/σ_Z untersucht werden. Für den Enddurchmesser 17 mm sind darin zum Vergleich die nach Gleichung (52) errechneten Verhältnisse gestrichelt eingezeichnet, die, wie schon ausgeführt, nur den

Seite 71

beim Einstoßen erhöhten Reibungsanteil berücksichtigen. Man erkennt, daß für einen Ziehholöffnungswinkel von 6° die Versuchswerte noch annähernd mit den theoretischen übereinstimmen. Je größer jedoch der Winkel und je kleiner die Querschnittsabnahme gewählt werden, desto mehr weichen die gemessenen Werte von den berechneten nach oben ab. In diesem Verhalten zeigt sich deutlich die schon besprochene Tatsache, daß der Verzerrungszustand beim Einstoßen ungleichförmiger ist als beim Ziehen. Den Einfluß der zusätzlichen inneren Schiebungen zeigt Abbildung 24, in der für

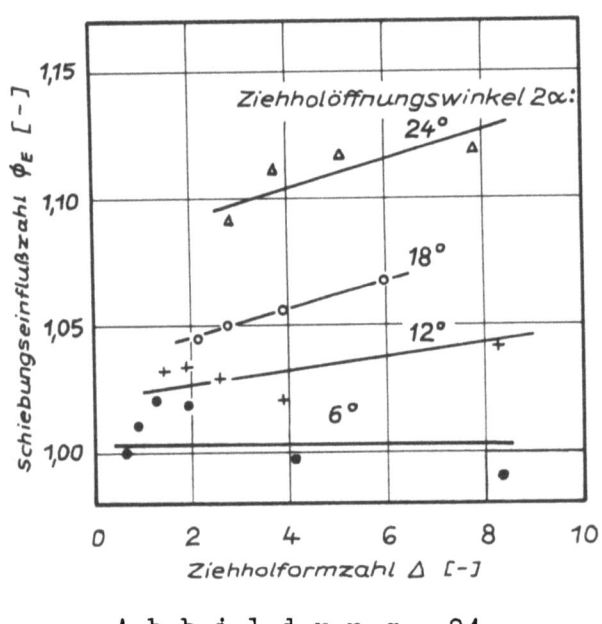

A b b i l d u n g   24

Einfluß der beim Einstoßen zusätzlich auftretenden inneren Schiebungen in Abhängigkeit von der Ziehholform; d_1 = 17 mm

den Enddurchmesser 17 mm die nach Gleichung (55) ermittelte Schiebungseinflußzahl $\emptyset_E$ in Abhängigkeit von der Ziehholformzahl Δ aufgetragen ist. Wie beim Ziehen ergeben sich ansteigende Geraden, die hier aber auch noch vom Ziehholöffnungswinkel abhängen. An der Aufstauchgrenze, also für $\Delta \approx 10$, wird für $2\alpha = 24°$ eine Schiebungseinflußzahl $\emptyset_E \approx 1,15$ erreicht. Das bedeutet also, daß hier die zusätzlichen Verzerrungen eine Einstoßspannung erfordern, die um rund 15% größer ist als die theoretisch erwartete. Unter den gleichen Bedingungen wächst dieser Betrag für die Stabenddurchmesser 25 und 40 mm nach Abbildung 23 auf rund 20 und 25%.

Dennoch ist $\emptyset_E$ im Vergleich zu $\emptyset$ klein. Wenn man die Verzerrungszustände betrachtet, dann bedeutet diese Aussage, daß die Abweichung des Ziehvorganges von der homogenen Reckung wesentlich größer ist als der Unterschied zwischen Einstoßen und Ziehen.

Abbildung 24 zeigt, daß für den Ziehholöffnungswinkel 6° die Schiebungseinflußzahl $\emptyset_E \approx 1$ ist. In diesem Fall gelten deshalb in sehr guter Näherung die Gleichungen (51) und (52). Damit ist man in der Lage, aus einem am gleichen Stab durchgeführten Einstoß- und Ziehversuch, bei dem nur die Kräfte gemessen werden, den Reibungsbeiwert zu ermitteln. Dabei wählt man neben dem kleinen Ziehholöffnungswinkel zweckmäßig eine große Querschnittsabnahme. Die Gleichung (51) ergibt nach μ aufgelöst

$$\mu = \frac{1 - \varepsilon_F - (P_Z/P_E)}{\varepsilon_F \operatorname{ctg} \alpha} \tag{59}$$

$$(\alpha \leq 3°, \quad \varepsilon_F \geq 0{,}2) \quad .$$

Der Vorteil dieses Verfahrens liegt darin, daß die Formänderungsfestigkeit des Ziehstabes nicht bekannt zu sein braucht.

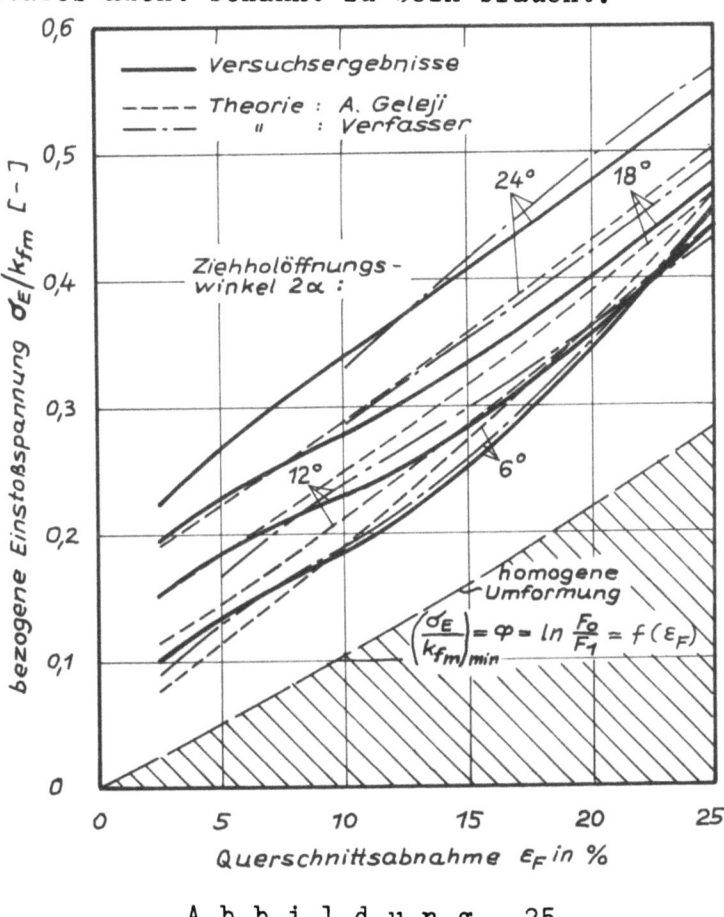

Abbildung 25

Vergleich zwischen gemessenen und nach verschiedenen Theorien errechneten Einstoßspannungen; d_1 = 17 mm, μ = 0,02

In Abbildung 25 sind den für einen Stabenddurchmesser von 17 mm gemessenen bezogenen Einstoßspannungen nach A. GELEJI [8] berechnete Werte gegenübergestellt. Man erkennt, daß auch in dieser Theorie der beim Einstoßen gegenüber dem Ziehen veränderte Verzerrungszustand unberücksichtigt bleibt. Die nach A.GELEJI berechneten Schaulinien stimmen deshalb um so weniger mit den im Versuch ermittelten überein, je größer der Ziehholöffnungswinkel und je kleiner die Querschnittsabnahme ist. Die ebenfalls eingezeichneten, nach Gleichung (56) berechneten Kurven passen sich dagegen für alle betrachteten Ziehholöffnungswinkel besser an die Meßwerte an. In Gleichung (56) wurde dabei $\sigma_Z^*/2k$ nach Abbildung 16c und ϕ_E nach Abbildung 24 eingesetzt. Es soll aber nochmals darauf hingewiesen werden, daß ϕ_E aus Versuchen entnommen werden muß.

4.23 Werkzeugdruck

Aus dem Gleichgewicht der am Ziehstab angreifenden Kräfte erhält man die Gleichung

$$q = \frac{P_Z}{(F_o - F_1)(1 + \mu \, ctg \, \alpha)} \quad . \tag{60}$$

Damit läßt sich aus der gemessenen Ziehkraft der Werkzeugdruck berechnen, wenn man für μ die auf die oben angegebene Weise berechneten Werte einsetzt (Zahlenwerte für μ s. Abb. 33)

Abbildung 26 zeigt die so ermittelten bezogenen Werkzeugdrücke in Abhängigkeit von der Querschnittsabnahme und dem Ziehholöffnungswinkel. Ein Einfluß des Stabenddurchmessers war nicht eindeutig festzustellen. Die bei einem bestimmten Winkel für die verschiedenen Enddurchmesser erhaltenen Schaulinien wurden deshalb nicht einzeln eingetragen, sondern durch einen schraffierten Bereich ersetzt. Oberhalb der Aufstauchgrenze werden die Drücke nach Gleichung (60) zu hoch berechnet, da in diesem Falle am Ziehholeintritt ein größerer Stabquerschnitt als der Stabanfangsquerschnitt F_o vorliegt. Aus diesem Grunde wurden die dazugehörigen Schaulinien nur gestrichelt angedeutet.

Vergleicht man die erhaltene Kurvenschar mit den aus Abbildung 15c entnommenen theoretisch ermittelten Werten, dann findet man wieder, daß die hier neu vorgeschlagene Theorie Ergebnisse liefert, die gut mit den Versuchswerten übereinstimmen, während sich nach R.HILL und S.J.TUPPER [15] (Abb.15a) und auch nach den Berechnungen für den rotationssymmetrischen Fall mit $\sigma_{\vartheta}'/2k = -0,5$ (Abb.15b) stets zu niedrige Drücke ergeben.

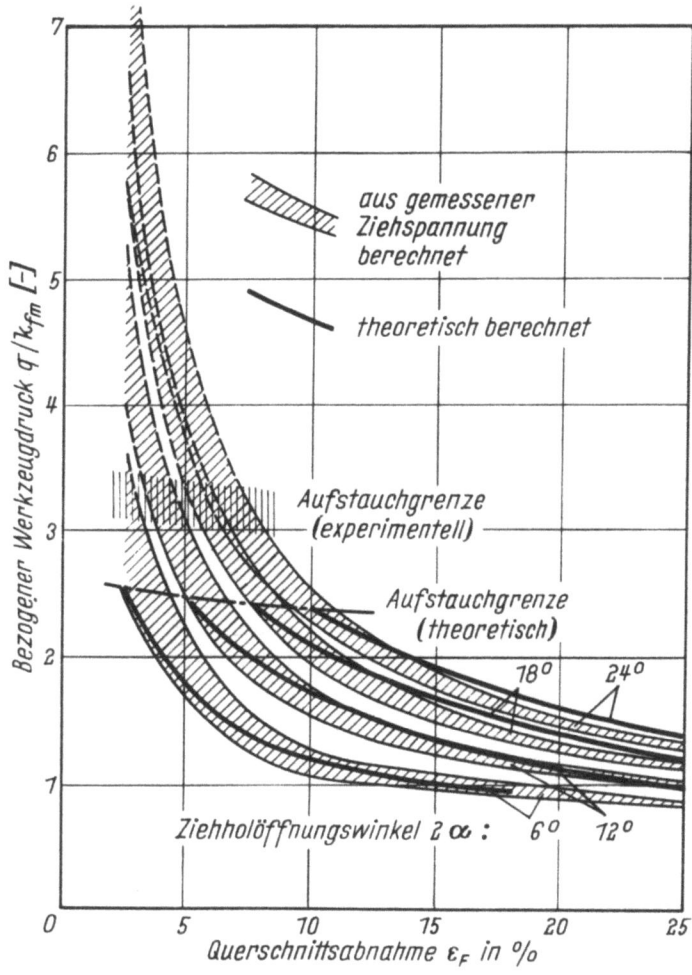

Abbildung 26

Bezogener Werkzeugdruck in Abhängigkeit von der Querschnittsabnahme und dem Ziehholöffnungswinkel; d_1 = 5 bis 40 mm

Um die Brauchbarkeit der neuen Theorie nochmals zu überprüfen, sind ihr in Abbildung 27 Versuchsergebnisse an Kupferdrähten gegenübergestellt, die J.G.WISTREICH [18] mit Hilfe eines geteilten Ziehringes unmittelbar gemessen hat. Auch hier können befriedigende Übereinstimmungen festgestellt werden. Ebenso gute Ergebnisse liefert in diesem Falle auch die Theorie von E.SIEBEL [6].

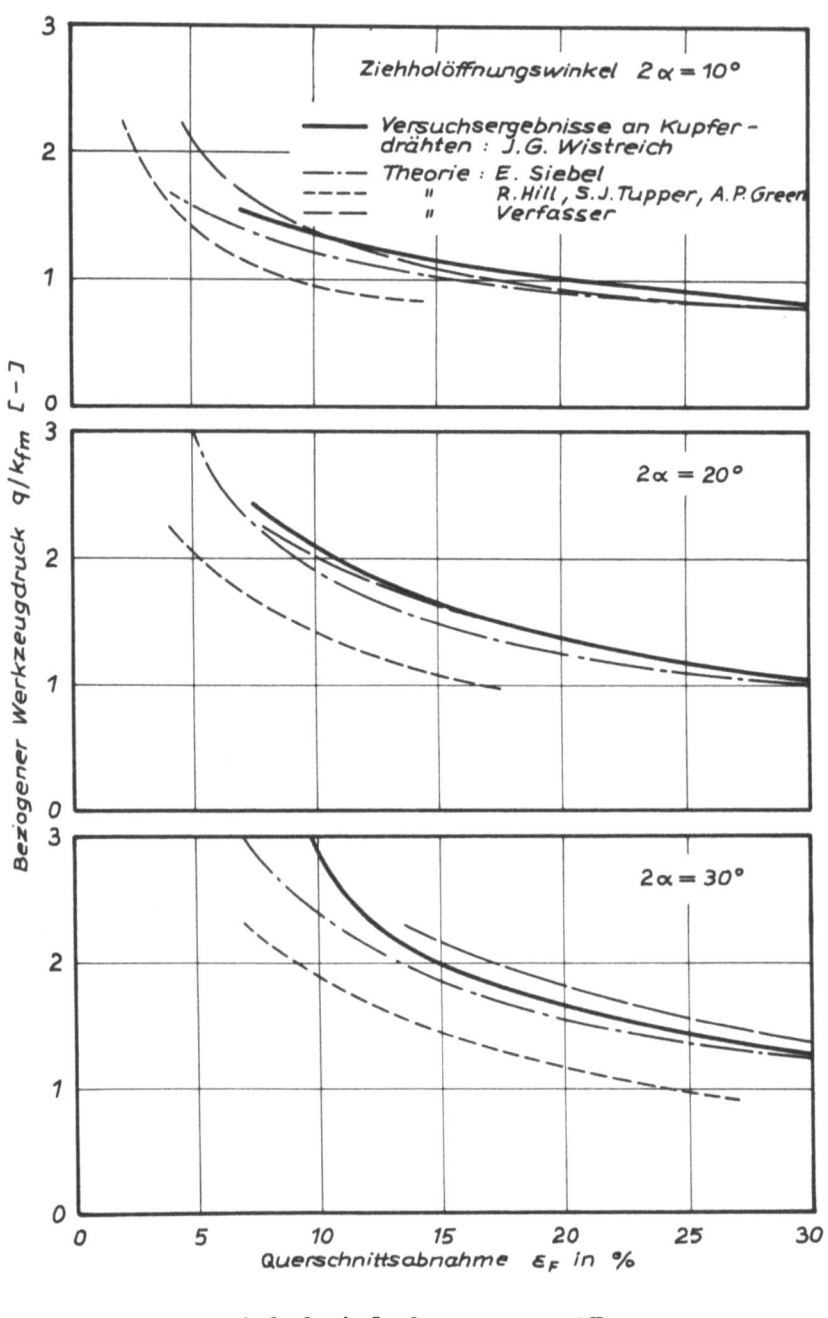

Abbildung 27

Vergleich zwischen theoretisch errechnetem Werkzeugdruck und Versuchsergebnissen an Kupferdrähten

4.24 Das Aufstauchen der Stäbe vor dem Ziehwerkzeug

Die Erscheinung des Aufstauchens vor dem Ziehhol wurde beim Stangenziehen zuerst von G.C.BRIGGS und H.W.SWIFT [44] beobachtet. Wie sie zu erklären ist und unter welchen Bedingungen sie auftritt, ist bereits in den bisherigen Ausführungen gesagt worden. Hier soll nun noch ergänzt werden, welches Ausmaß diese Aufstauchungen erreichen, wie groß der Bereich ist, auf den sie sich erstrecken und welche Unterschiede sich beim Ziehen und Einstoßen ergeben.

Um diese Fragen beantworten zu können, wurden 360 mm lange Probestäbe mit Hilfe einer besonderen Vorrichtung [42] zunächst eingestoßen, dann herumgedreht und am anderen Ende soweit gezogen, bis zwischen dem eingestoßenen und dem gezogenen Stabteil noch ein unverformter Abschnitt von etwa 50 mm Länge übrig blieb. Auf diese Weise konnten die beim Einstoßen und Ziehen auftretenden Aufstauchungen an ein- und demselben Probestab ausgemessen werden, wodurch die Fehlermöglichkeit beim Vergleich der aufgestauchten Durchmesser verringert und die Auswertung vereinfacht wurde.

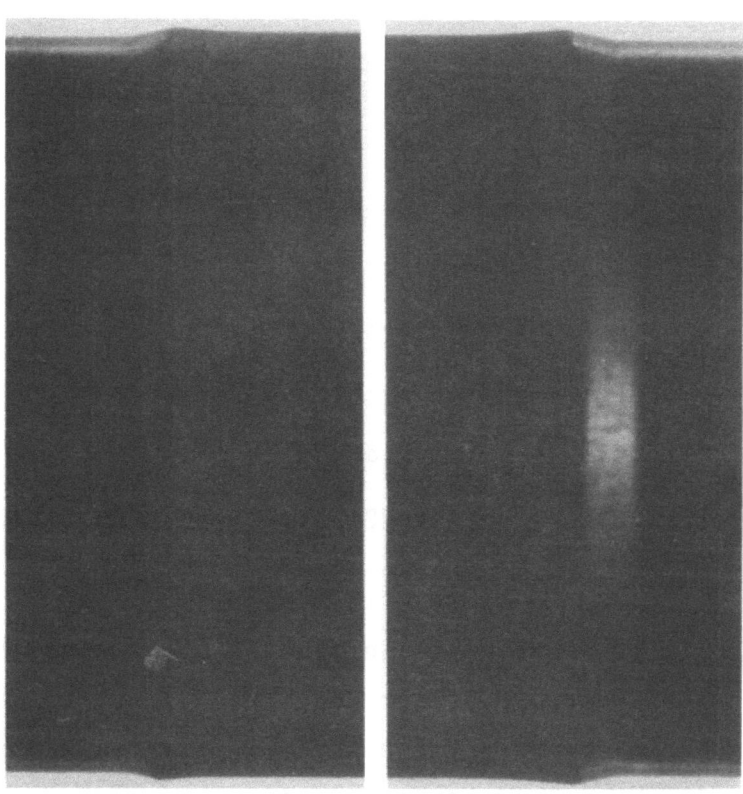

gezogen   unverformt   eingestoßen

Abbildung 28

Aufstauchung eines Rundstabes vor dem Ziehhol während des Ziehens und Einstoßens; $d_1 = 25$ mm, $2\alpha = 24°$, $\varepsilon_F = 2,4\%$ (gezogen), $\varepsilon_F = 2,3\%$ (eingestoßen)

Abbildung 28 zeigt die fotografische Aufnahme eines solchen Probestabes nach der Umformung. Die Aufstauchungen sind darin deutlich zu erkennen. Außerdem kann man hier bereits feststellen, daß sie beim Einstoßen größer sind als beim Ziehen.

Die Durchmesser d_o und d_1 sowie der aufgestauchte Durchmesser d_a und die Länge der Aufstauchzone l_a nach Abbildung 29 wurden an vier Stellen auf

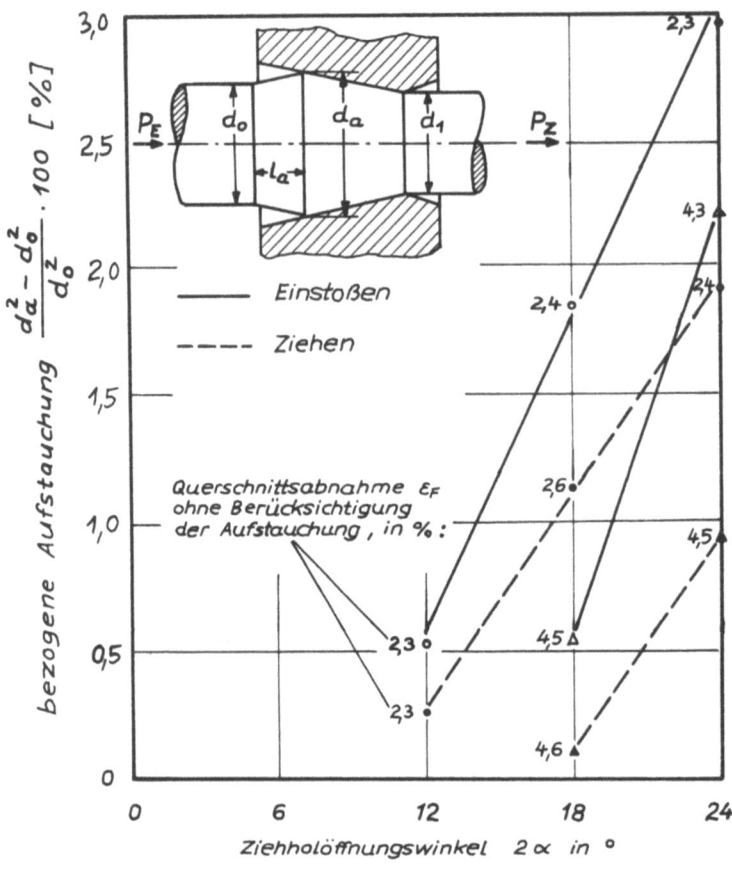

Abbildung 29

Aufstauchung eines Stabes vor dem Ziehhol beim Ziehen und Einstoßen;
$d_1 = 25$ mm

dem Stabumfang mit dem schon einmal erwähnten Ziehsteinmeßmikroskop [40] ausgemessen. In Abbildung 29 ist für den Stabenddurchmesser $d_1 = 25$ mm der auf den Stabanfangsquerschnitt bezogene prozentuale Unterschied zwischen dem aufgestauchten Querschnitt und dem Anfangsquerschnitt über dem Ziehholöffnungswinkel aufgetragen. Die beiden Geradenpaare gelten für die Nenn-Querschnittsabnahmen 2,5 und 5%; die ohne Berücksichtigung der Aufstauchung wirklich erreichten Abnahmen sind neben den Meßpunkten eingetragen. Man erkennt, daß die Aufstauchung beim Ziehen mit wachsendem Winkel und abnehmendem Abzug größer wird. Für das Einstoßen ergibt sich die gleiche Abhängigkeit, die Werte liegen jedoch in allen Fällen höher als beim Ziehen. Dieses Ergebnis ist auf den beim Einstoßen höheren Werkzeugdruck zurückzuführen. Die unter den vorliegenden Bedingungen höchste Querschnittsaufstauchung betrug etwa 3%.

Zeichnet man mit Hilfe der in Abbildung 29 erhaltenen Ergebnisse in Abbildung 26 die wirkliche Aufstauchgrenze ein, dann zeigt sich, daß sie bei höheren Werkzeugdrücken liegt als die theoretische.

Seite 78

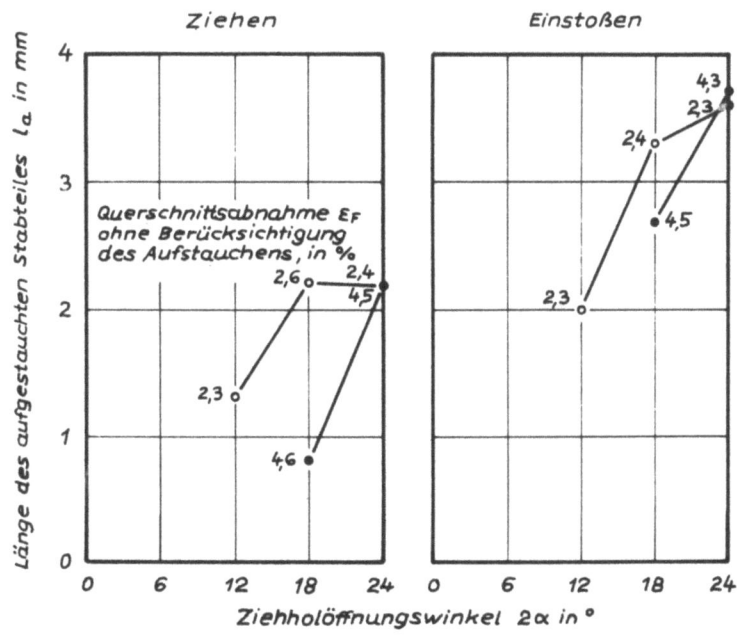

Abbildung 30

Länge des vor dem Ziehhol aufgestauchten Stabteiles beim Ziehen und Einstoßen; $d_1 = 25$ mm

Die Länge des aufgestauchten Stabteils l_a betrug nach Abbildung 30 beim Ziehen auf einen Enddurchmesser von 25 mm etwa 1 bis 2 mm, beim Einstoßen auf den gleichen Durchmesser etwa 2 bis 4 mm. Ähnlich wie oben wurde sie größer, wenn man den Abzug kleiner und den Ziehholöffnungswinkel größer wählte.

Diese Ergebnisse zeigen, daß die Erscheinung des Aufstauchens nicht übersehen werden darf, wenn man das Verhalten der Zieh- und Einstoßkräfte im Bereich kleiner Querschnittsabnahmen untersuchen und deuten will.

4.25 Einfluß des Stabdurchmessers

Im Abschnitt 4.21 wurde schon festgestellt, daß die Ziehspannung bei ansonsten gleichen Ziehbedingungen mit zunehmendem Stabenddurchmesser kleiner wird. Diese Abhängigkeit ist noch deutlicher aus Abbildung 31 abzulesen, in dem für verschiedene Ziehholöffnungswinkel die bezogenen Ziehspannungen unmittelbar über dem Enddurchmesser aufgetragen sind. Darüber hinaus kann noch eine weitere Feststellung gemacht werden. Vergleicht man die erhaltenen Kurvenscharen miteinander, dann erkennt man, daß der Einfluß des Durchmessers mit wachsendem Ziehholöffnungswinkel immer geringer wird.

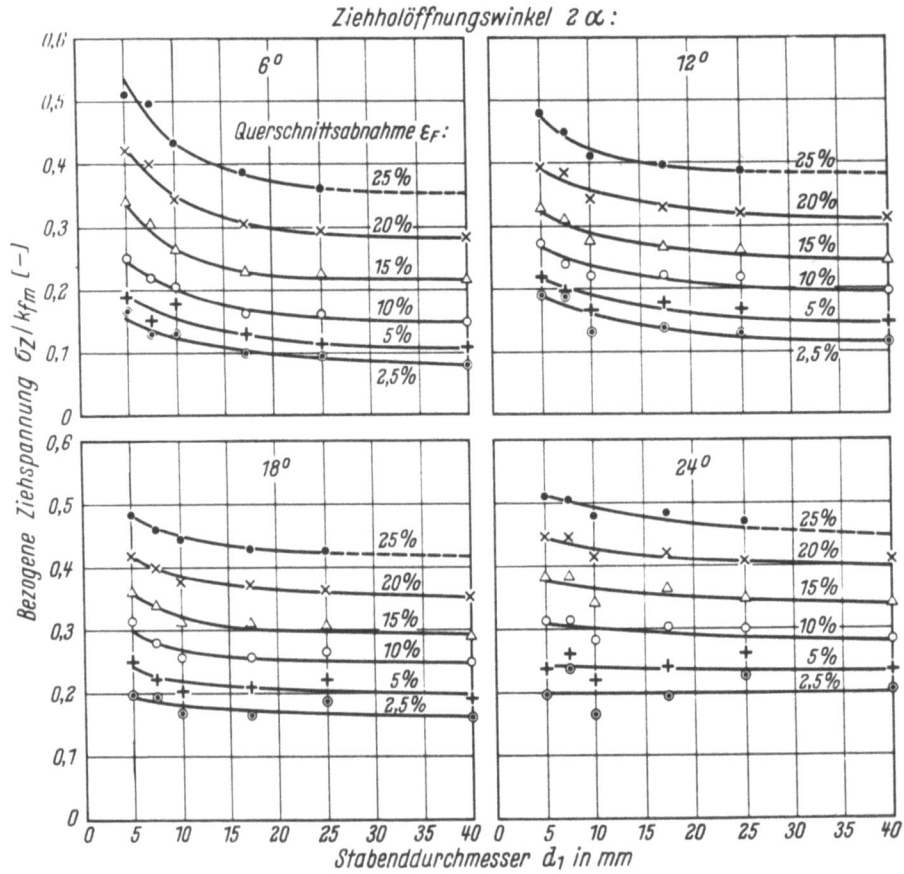

Abbildung 31

Abhängigkeit der Ziehspannung vom Stabenddurchmesser für verschiedene Querschnittsabnahmen und Ziehholöffnungswinkel

Daß der Spannungszustand tatsächlich von der Stabdicke abhängig ist, läßt sich an Hand von Abbildung 32 erläutern. Dort sind die Innenflächen längsgeteilter Probestäbe von 17 und 40 mm Enddurchmesser dargestellt, die unter den gleichen Bedingungen teilweise eingestoßen worden sind. Man erkennt, daß sich das auf einer Probenhälfte eingeritzte Gitternetz auf der Gegenhälfte nur zum Teil abgedrückt hat. Der in der Probenmitte liegende abdruckfreie Bereich ist im Verhältnis zum Stabdurchmesser bei dem dünneren Stab wesentlich größer als bei dem dicken. Daraus folgt, daß die das Abdrücken bewirkenden Tangentialspannungen um so gleichmäßiger verteilt sind, je größer der Stabdurchmesser ist. Die Tatsache, daß in diesem Beispiel in der Stabmitte kein Abdrücken erfolgte, daß also dort vermutlich tangentiale Zugspannungen oder zumindest nur sehr kleine Druckspannungen vorlagen, stimmt qualitativ mit den oben errechneten Spannungszuständen überein.

Seite 80

Stabenddurchmesser 40 mm

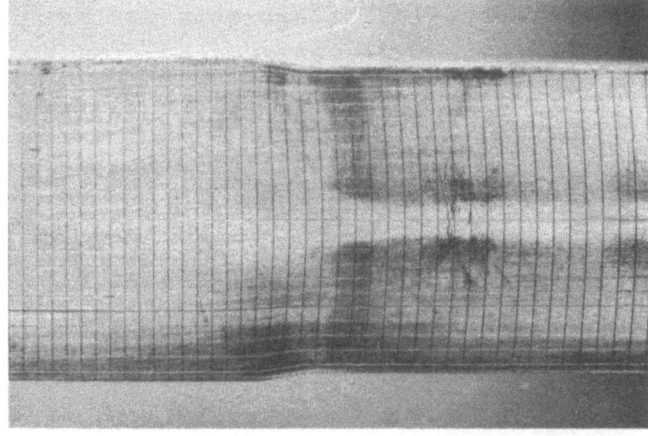

Gitternetz eingeritzt

Gitternetz abgedrückt

Stabenddurchmesser 17 mm

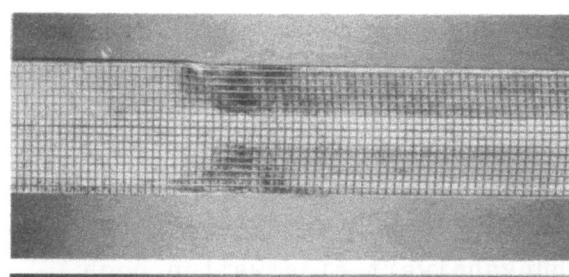

Gitternetz eingeritzt

Gitternetz abgedrückt

Abbildung 32

Gitternetzabdrücke an längsgeteilten Proben verschiedenen Durchmessers nach dem Einstoßen; $2\alpha = 18°$, $\varepsilon_F = 10\ \%$

Diese Beobachtungen über den Einfluß des absoluten Stabdurchmessers können nur dadurch erklärt werden, daß bei der Durchführung der Versuche Bedingungen vorgelegen haben müssen, die die Ähnlichkeitsgesetze der Mechanik verletzen. Da ähnliche Geometrie gewählt wurde, bleibt nur noch die Möglichkeit, daß der Reibungsbeiwert im Ziehhol und die Formänderungsfestigkeit des Werkstoffs in irgendeiner Weise mit dem absoluten Stabdurchmesser zusammenhängen.

Nimmt man einen veränderlichen Reibungsbeiwert an, dann müßte dieser mit Rücksicht auf die in Abbildung 31 dargestellten Versuchsergebnisse mit wachsender Stabdicke kleiner werden. Damit könnte erklärt werden, warum die Abhängigkeit der Ziehspannungen vom Durchmesser mit wachsendem Ziehholöffnungswinkel geringer wird. Da nämlich die Reibung rechnungsmäßig annähernd über den Ausdruck $1 + \mu \operatorname{ctg} \alpha$ zur Ziehspannung beiträgt, fällt eine Änderung von μ um so weniger ins Gewicht, je größer α ist.

Die Frage, wie man sich ein Absinken des Reibungsbeiwertes bei größer werdenden Stabdurchmessern vorstellen kann, ist einstweilen noch nicht sicher zu beantworten. Nach dem heutigen Wissensstand tritt beim Ziehen Mischreibung auf. J.G.WISTREICH [45] führt Versuchsergebnisse an, die darauf hindeuten, daß neben Festkörperreibung auch Flüssigkeitsreibung auftreten muß. Es ist denkbar, daß der Anteil an Flüssigkeitsreibung mit wachsender Größe der reibenden Flächen im Ziehhol zunimmt. Eine mögliche Begründung für diese Annahme wäre, daß mit größer werdender Reibungsfläche die Zahl der im Ziehhol als Schmiertaschen wirkenden Vertiefungen des Rauheitsgebirges auf der Staboberfläche wächst, und daß dadurch der Schmierstoff besser in der belasteten Zone festgehalten werden kann.

Da diese Gedankengänge jedoch noch der versuchsmäßigen Überprüfung bedürfen, ist der aus ihnen abgeleitete Reibungsbeiwert einstweilen noch als rechnerischer Reibungsbeiwert μ_r anzusehen. Er ist in Abbildung 33 über dem Stabenddurchmesser aufgetragen. Für das Ziehen wurde er aus der Annahme heraus ermittelt, daß bei $2\alpha = 6°$ und $\varepsilon_F = 25\%$ der Schiebungseinfluß vernachlässigbar ist. Die für das Einstoßen geltenden Schaulinien a) und b) wurden nach den Gleichungen (59) und (53) berechnet. Der Vergleich der drei Kurven könnte zu dem Schluß führen, daß der Reibungsbeiwert beim Einstoßen größer ist als beim Ziehen. Die Abweichungen der Schaulinien können aber auch durch die in den Voraussetzungen enthaltenen Ungenauigkeiten zu erklären sein.

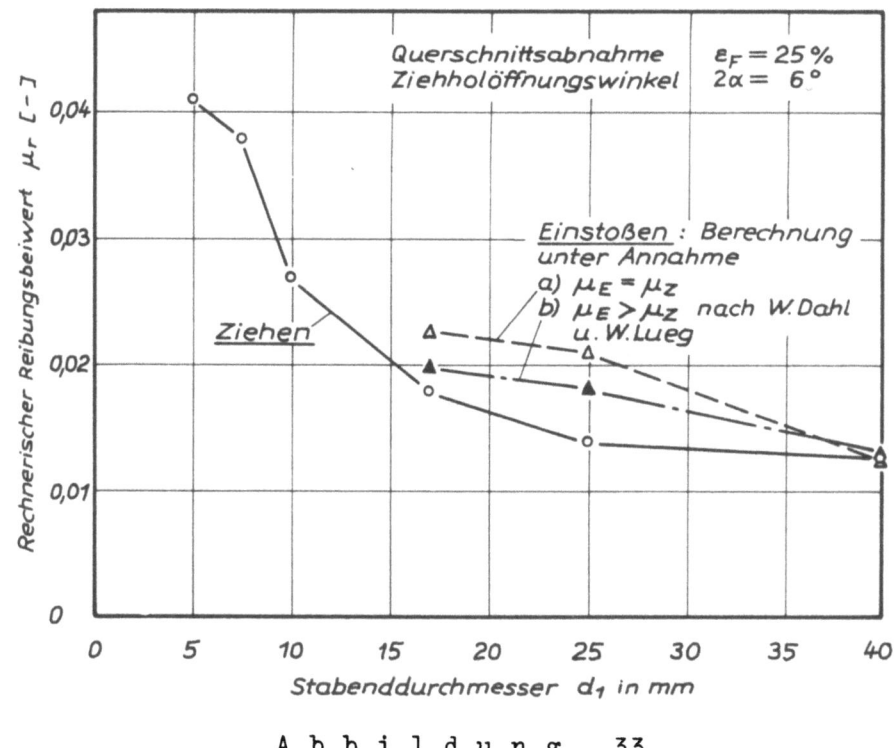

Abbildung 33

Rechnerischer Reibungsbeiwert μ_r beim Ziehen und Einstoßen in Abhängigkeit vom Stabenddurchmesser

Wenn auch die Möglichkeit besteht, daß der rechnerische Reibungsbeiwert nicht dem wirklichen entspricht, so ist man mit seiner Hilfe doch in der Lage, den Durchmessereinfluß auf einfache Weise zu berücksichtigen, ohne daß man die bisher entwickelten Gleichungen abändern muß. Diese Aussage wird durch die in den Abbildungen 21, 22 und 26 dargestellten Versuchsergebnisse bestärkt, bei denen nach Abtrennung des Gliedes $1 + \mu \operatorname{ctg}\alpha$ kaum noch eine Abhängigkeit vom Stabdurchmesser festgestellt werden konnte.

Schließlich deutet auch das oben festgestellte Absinken des günstigsten Ziehholöffnungswinkels mit dem Stabdurchmesser auf einen Reibungseinfluß hin. Aus früheren Arbeiten [6, 15, 18] ist nämlich bekannt, daß der günstigste Winkel bei geringerer Reibung kleiner wird.

Als zweite Größe, die zur Erklärung des Durchmessereinflusses herangezogen werden könnte, wurde die Formänderungsfestigkeit genannt. Sie kann im vorliegenden Fall bei den Versuchen mit verschiedenen Durchmessern unterschiedliche Werte gehabt haben, da hierbei weder die Formänderungsgeschwindigkeit noch die Temperatur des Ziehgutes gleich war.

Die Formänderungsgeschwindigkeit nahm mit wachsendem Stabdurchmesser ab, da die Ziehgeschwindigkeit in Anpassung an betriebliche Verhältnisse konstant gehalten wurde. Ihr Einfluß auf die Formänderungsfestigkeit, der wegen der Kaltformgebung nicht sehr groß sein kann, soll im folgenden Abschnitt überschlagen werden.

Die Temperatur im Ziehgut war bei den dickeren Stäben bei gleicher Querschnittsabnahme und gleichem Ziehholöffnungswinkel größer, da die bei der Umformung entstehende Wärme mit wachsenden Stababmessungen schlechter abgeleitet werden kann. Das damit verbundene Absinken der Formänderungsfestigkeit ist jedoch auch hier nicht groß genug, um allein den festgestellten Durchmessereinfluß zu erklären.

4.26 Einfluß der Stabaustrittsgeschwindigkeit

Abbildung 34 zeigt für eine Querschnittsabnahme von 17,5% und einen Stabenddurchmesser von 40 mm, daß sowohl die Ziehspannungen als auch die Einstoßspannungen in der gewählten doppelt-logarithmischen Darstellung geradlinig mit der Stabaustrittsgeschwindigkeit ansteigen. Nach den bisherigen Vorstellungen über den Schmierzustand hätte man dagegen ein Absinken erwartet, da danach mit wachsender Ziehgeschwindigkeit die Schmierung verbessert wird. Ein solches Absinken der Ziehspannungen wurde bisher auch von H.EICKEN und W.HEIDENHAIN [46], von A.POMP, E.SIEBEL und E.HOUDREMONT [47] sowie von A.POMP und W.BECKER [48] beim Drahtziehen festgestellt.

Im vorliegenden Fall kann das Anwachsen der Zieh- und Einstoßspannungen nur dadurch erklärt werden, daß der Einfluß der mit der Formänderungsgeschwindigkeit größer werdenden Formänderungsfestigkeit den Einfluß der verbesserten Schmierung überdeckt.

Um einen Anhalt zu bekommen, wie stark sich die Formänderungsfestigkeit mit der Stabaustrittsgeschwindigkeit verändert, muß man den Zusammenhang zwischen dieser Geschwindigkeit und der Formänderungsgeschwindigkeit kennen. Mit $\varphi = \ln F_o/F$ und $d\varphi = -dF/F$ folgt unter Annahme eines homogenen Verzerrungszustandes über dem Stabquerschnitt für die Formänderungsgeschwindigkeit in einer beliebigen Fläche F innerhalb der Umformzone

$$\dot{\varphi} = \frac{d\varphi}{dt} = -\frac{1}{F}\frac{dF}{dt} = -\frac{1}{F}\frac{dF}{ds}\frac{ds}{dt} \quad . \tag{61}$$

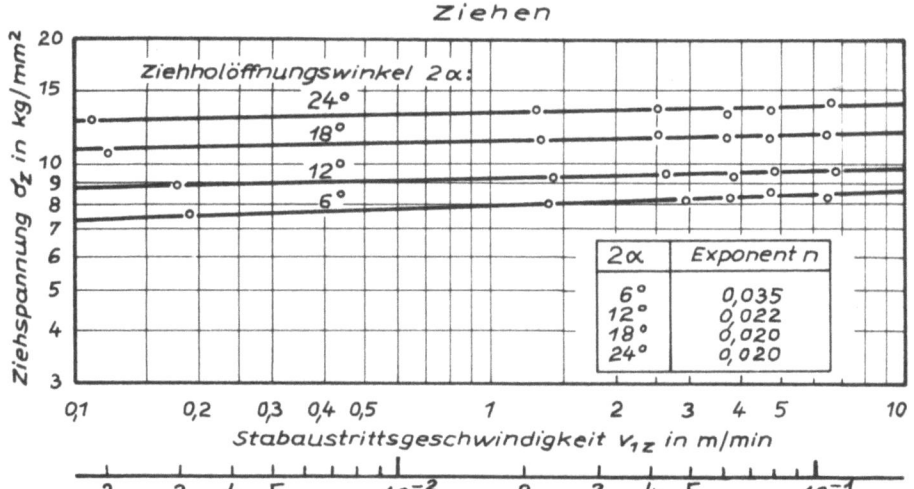

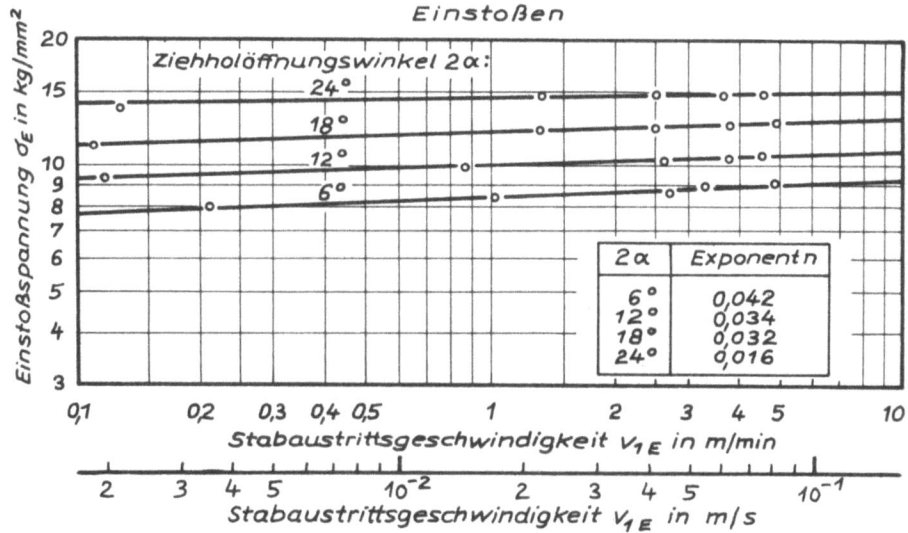

A b b i l d u n g 34

Abhängigkeit der zum Ziehen und Einstoßen benötigten Spannungen von der Stabaustrittsgeschwindigkeit; $\varepsilon_F = 17,5\ \%$, $d_1 = 40$ mm

Darin ist ds nach Abbildung 35 der in der Zeit dt in Achsrichtung zurückgelegte Weg. ds/dt ist also die Längskomponente v_z der mittleren Bahngeschwindigkeit, die aus Kontinuitätsgründen

$$v_z = v_1 \frac{F_1}{F} \tag{62}$$

ist (v_1 = Stabaustrittsgeschwindigkeit). Da $F = r^2 \pi$ ist, folgt weiter

$$\frac{dF}{ds} = 2r\pi \frac{dr}{ds} = -2r\pi\, \mathrm{tg}\,\alpha\ ; \tag{63}$$

durch Einsetzen dieser Beziehung in Gleichung (61) erhält man

$$\dot{\varphi} = 2\,v_1\,\mathrm{tg}\,\alpha\, \frac{r_1^2}{r^3}\ . \tag{64}$$

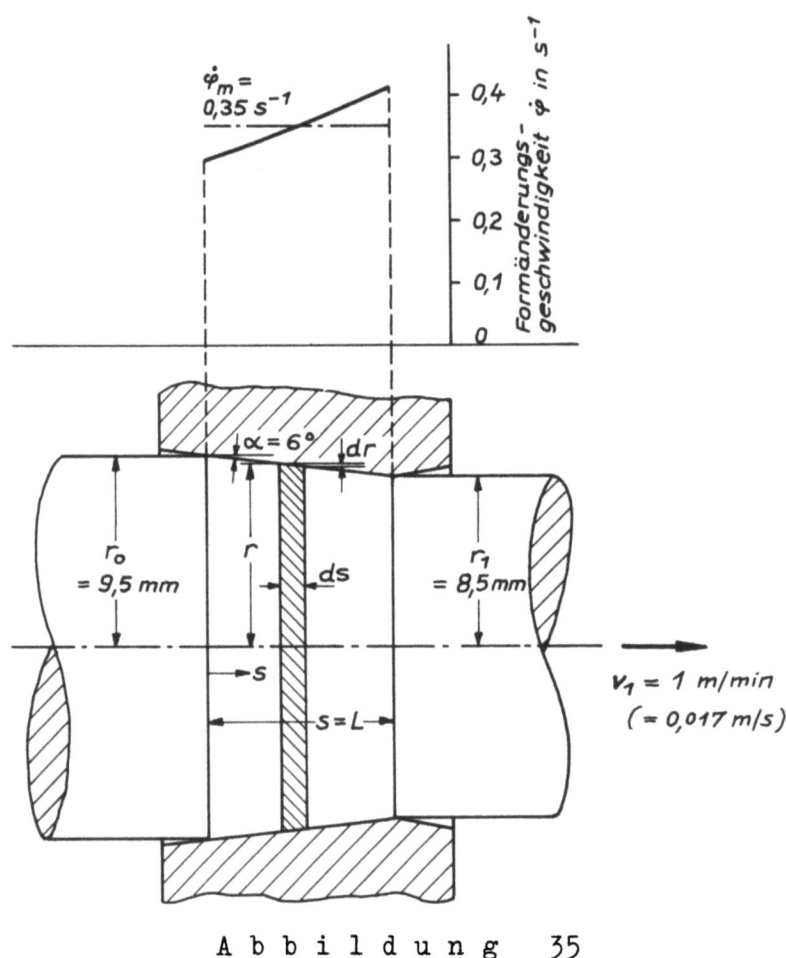

Abbildung 35

Verlauf der Formänderungsgeschwindigkeit über der Ziehhollänge beim Ziehen und Einstoßen; $\varepsilon_F = 20\,\%$, $2\alpha = 12°$, $d_1 = 17$ mm

Demnach steigt die Formänderungsgeschwindigkeit vom Ziehholeintritt zum Ziehholaustritt hin an. Ihre Beträge beim Beginn und am Ende der Umformung sind

$$\dot{\varphi}_o = 2\, v_1\, \text{tg}\alpha\; \frac{r_1^2}{r_o^3}$$

$$\dot{\varphi}_1 = 2\, v_1\, \text{tg}\alpha\; \frac{1}{r_1} \quad .$$

(65)

Die mittlere Formänderungsgeschwindigkeit ergibt sich durch Integrieren zu

$$\dot{\varphi}_m = \frac{1}{r_o - r_1} \int_{r_1}^{r_o} \dot{\varphi}\, dr \quad .$$

(66)

Setzt man darin $\dot{\varphi}$ nach Gleichung (64) ein und benutzt die Bezeichnungen aus Abbildung 35, dann bekommt man schließlich

$$\dot{\varphi}_m = v_1 \frac{\varepsilon_F}{L} = v_1 \frac{tg\alpha}{r_1}\left(1 - \varepsilon_F + \sqrt{1 - \varepsilon_F}\right) \quad . \tag{67}$$

Nach J.F.ALDER und V.A.PHILLIPS [49] gilt für die Formänderungsfestigkeit das Potenzgesetz

$$k_f = k_{f_o}\left(\frac{\dot{\varphi}}{\dot{\varphi}_o}\right)^n \quad , \tag{68}$$

worin $\dot{\varphi}_o$ gewöhnlich $= 1\ \text{sec}^{-1}$ gewählt wird. Setzt man darin für das Ziehen oder Einstoßen $\dot{\varphi} = \dot{\varphi}_m$ nach Gleichung (67) ein, dann ergibt sich

$$k_f \sim \left(\frac{\varepsilon_F}{L}\right)^n v_1^n \quad . \tag{69}$$

Nach Abbildung 34 sind die Zieh- und Einstoßspannungen ebenfalls der Größe v_1^n verhältnisgleich, wobei die Exponenten n beim Ziehen zwischen 0,020 und 0,035 und beim Einstoßen zwischen 0,016 und 0,042 liegen. Über die Größe des Exponenten in der Gleichung (68) sind bisher für den vorliegenden Fall der Kaltformgebung von Stahl noch keine Untersuchungen durchgeführt worden. Nach J.F.ALDER und V.A.PHILLIPS können jedoch Werte für Aluminium angegeben werden. Sie schwanken für eine Formänderung von 20% und für Temperaturen von 18° bis 150° C zwischen 0,018 und 0,022.

Aus diesen Überlegungen kann geschlossen werden, daß der gemessene Anstieg der Zieh- und Einstoßspannungen bei zunehmenden Stabaustrittsgeschwindigkeiten tatsächlich auf das Verhalten der Formänderungsfestigkeit zurückzuführen ist.

Zum Abschluß soll noch untersucht werden, wie groß der Einfluß der Formänderungsgeschwindigkeit auf die Abhängigkeit der Zieh- und Einstoßspannungen vom Stabdurchmesser sein kann. Für die hier gewählten Stabenddurchmesser von 5 bis 40 mm stehen nach Gleichung (67) die zugehörigen Formänderungsgeschwindigkeiten im Verhältnis 8:1. Nach den obigen Ausführungen kann man dann annehmen, daß sich die zugehörigen Spannungen wie $8^n:1$ verhalten. Setzt man für n den höchsten Wert aus Abbildung 34 ein, dann folgt, daß die allein durch den Einfluß der Formänderungsgeschwindigkeit hervorgerufene Spannungsänderung nicht größer als 10% sein kann.

5. Zusammenfassung

Der beim Ziehen oder Einstoßen von stabförmigen Werkstücken durch eine sich verjüngende Werkzeugöffnung vorliegende Spannungszustand läßt sich plastizitätstheoretisch exakt bisher nur für einen ebenen Verzerrungszustand berechnen, wozu man die Theorie der Gleitlinienfelder heranzieht. In dem in der vorliegenden Arbeit betrachteten Fall des Ziehens und Einstoßens von Rundstangen wurde deshalb zunächst der ebene Vergleichsvorgang behandelt. Gestützt auf die dabei gewonnenen Ergebnisse wurde dann eine Näherungslösung für die rotationssymmetrische Umformung eines starr-ideal-plastischen Körpers abgeleitet.

Um die dafür geltenden Spannungsbeziehungen, d.h. die Gleichgewichtsbedingungen und die Fließbedingung, längs der Gleitlinien anwenden zu können, wurde angenommen, daß das im ebenen Falle gültige Gleitlinienfeld auch auf den entsprechenden rotationssymmetrischen Fall übertragen werden kann. Diese Annahme stützt sich auf von anderen Verfassern durchgeführte visioplastische Versuche und Kraftwirkungslinienätzungen. Die Gleitlinienfelder wurden für Ziehholöffnungswinkel 2α zwischen $6°$ und $24°$ und Querschnittsabnahmen ε_F zwischen 2,5% und 25% unter Vernachlässigung der äußeren Wandreibung gezeichnet.

In den genannten Spannungsbeziehungen tritt nach Ausrechnung der Integrationskonstanten aus den Randbedingungen als letzte noch unbekannte Größe die tangentiale Deviatorspannung auf. Diese läßt sich nur dann eliminieren, wenn das Geschwindigkeitsfeld bekannt ist. Darin zeigt sich die statische Unbestimmbarkeit der gestellten Aufgabe. Neben den statischen Grundgleichungen, also den Gleichgewichtsbedingungen und der Fließbedingung, müssen von vornherein auch die kinematischen Grundgleichungen, d.h. die Spannungs-Verzerrungs-Beziehungen, zur Lösung mit herangezogen werden. Im vorliegenden Falle wurden die Levy-Mises'schen Gleichungen längs der Bahnlinien benutzt. Der Verlauf der Bahnlinien durch die Umformzone kann beim Ziehen und Einstoßen, wie Versuche mit längsgeteilten und mit einem eingeritzten Koordinatennetz versehene Proben gezeigt haben, in guter Näherung als geradlinig angenommen werden, solange der Ziehholöffnungswinkel einen Wert von etwa $20°$ bis $30°$ nicht überschreitet. Daraus folgt, daß die Bahngeschwindigkeit dem Quadrat des Halbmessers umgekehrt verhältnisgleich ist. Ferner wurde der Winkel zwischen Bahnlinien und ß-Gleitlinien in der ganzen Umformzone als annähernd $45°$ angenommen. Mit diesen beiden Annahmen folgt aus den Spannungs-Verzerrungs-Beziehungen

eine konstante tangentiale Deviatorspannung von der Größe - k, wobei k
die Schubfließgrenze des ideal-plastischen Körpers ist. Damit werden die
Spannungsbeziehungen längs der Gleitlinien lösbar. Aus dem zunächst erhaltenen bezogenen mittleren Druck folgt schließlich der vollständige
Spannungszustand.

Aus den für die oben angegebenen Bereiche des Ziehholöffnungswinkels 2α
und der Querschnittsabnahme ε_F durchgeführten numerischen Berechnungen
ergaben sich nachstehende Folgerungen:

1. Die allein durch die Geometrie der Umformzone bedingte Ungleichförmigkeit des Spannungszustandes wächst mit wachsendem Ziehholöffnungswinkel und mit abnehmender Querschnittsabnahme.

2. Der Spannungszustand kann, vom Stabrand zur Stabmitte hin gesehen, sämtliche Formen zwischen zweiachsigem Druck und zweiachsigem Zug annehmen.

3. Der rotationssymmetrische Fall unterscheidet sich im Hinblick auf die Spannungen nur quantitativ von dem entsprechenden ebenen Fall. Während am Stabrand die in der Umformebene liegenden Hauptnormalspannungen in beiden Fällen nahezu gleich sind, treten in der Stabmitte im erstgenannten Fall größere Werte auf.

Die von außen zur Umformung aufzubringende Ziehspannung wurde zunächst
durch Integration der am Austrittsrand der Umformzone errechneten Spannungen ermittelt. Die so erhaltenen Werte stimmten zwar qualitativ recht
gut mit den Meßergebnissen überein, aber sie waren dem Betrage nach stets
etwas zu klein. Aus diesem Grunde wurde noch ein zweiter Weg zur Ermittlung der äußeren Ziehspannung eingeschlagen. Ausgehend von der oben unter
3. gemachten Feststellung wurde angenommen, daß der auf die Staboberfläche wirkende Werkzeugdruck bei der rotationssymmetrischen Umformung gleich
dem bei der ebenen Umformung ist, wenn die Geometrie der Fließebene in
beiden Fällen gleich ist. Auf diese Weise wurden die für das reibungsfreie
ebene Ziehen eines ideal-plastischen Körpers berechneten Werkzeugdrücke
auf das Ziehen von runden Stangen übertragen. Aus den Werkzeugdrücken
ergaben sich die Ziehspannungen aus der Bedingung des Gleichgewichts am
Werkstück. Die äußere Wandreibung wurde dabei auf elementare Weise durch
den Faktor $1 + \mu \ctg \alpha$ mit μ als Reibungsbeiwert berücksichtigt. Der Einfluß der Kaltverfestigung des Werkstückstoffes während der Umformung
kann auf zwei verschiedene Weisen erfaßt werden. Die erste beruht auf der
Erkenntnis, daß die bezogene Ziehspannung als eine äquivalente Formände-

rung gedeutet werden kann, mit deren Hilfe man aus der Fließkurve die
Ziehspannung einschließlich Verfestigung ablesen kann. Die zweite geht
von einer mittleren Formänderungsfestigkeit aus, die sich aus den vor
und nach der Umformung gemessenen Fließgrenzen errechnet.

Die nach diesem zweiten Verfahren errechneten Ziehspannungen stimmten
für Querschnittsabnahmen zwischen 2,5 und 25% und Ziehholöffnungswinkel
zwischen 6° und 24° sehr gut mit gemessenen Werten überein.

Die umfangreichen Zieh- und Einstoßversuche wurden auf einer hydraulischen
25-t-Stangenziehbank durchgeführt. Als Versuchswerkstoff wurde ein aus
ein- und derselben Schmelze stammender beruhigter Siemens-Martin-Stahl
mit einer Anfangszugfestigkeit von rund 40 kg/mm^2 benutzt. Beim Vergleich zwischen Theorie und Versuch wurde der Reibungsbeiwert in allen
Fällen aus der Voraussetzung bestimmt, daß bei der größten hier gewählten Querschnittsabnahme von 25% und dem kleinsten Ziehholöffnungswinkel
von 6° die Abweichungen von der idealen Umformung nur noch durch die
Reibung und nicht mehr durch die Geometrie der Umformzone bedingt sind.

Der Spannungszustand beim Einstoßen unterscheidet sich nach bisheriger
Ansicht von dem beim Ziehen nur durch einen überlagerten hydrostatischen
Druck vom Betrage der Ziehspannung. Die vorliegende Untersuchung hat
jedoch gezeigt, daß diese Vorstellung nicht mehr gültig ist, wenn große
Ziehholöffnungswinkel und kleine Querschnittsabnahmen vorliegen. In diesem Falle waren die gemessenen Einstoßspannungen bis zu 25% größer als
die nach der erwähnten Theorie berechneten. Die Abweichungen erklären
sich daraus, daß der erhöhte Werkzeugdruck beim Einstoßen höhere Reibungsschubspannungen und damit auch größere innere Schiebungen als beim
Ziehen zur Folge hat. Bei gleicher Geometrie der Umformzone ist demnach
der Verzerrungszustand beim Einstoßen inhomogener als beim Ziehen, wodurch ein Mehraufwand an Formänderungsarbeit erforderlich wird. Um dies
bei der Berechnung der Einstoßspannung zu berücksichtigen, wurde eine
Schiebungseinflußzahl eingeführt, die angibt, wievielmal die äquivalente
Formänderung beim Einstoßen größer ist als beim Ziehen. Diese Schiebungseinflußzahl muß jedoch einstweilen noch aus Versuchen ermittelt werden.

Der während der Umformung im Ziehhol herrschende Werkzeugdruck nimmt
mit wachsendem Ziehholöffnungswinkel und mit abnehmender Querschnittsabnahme zu und kann etwa den dreifachen Wert der mittleren Formänderungsfestigkeit erreichen. Bei diesen hohen Drücken wurde festgestellt, daß
sich die Stangen vor dem Ziehhol aufstauchten. Messungen an nur teilweise

umgeformten Proben haben ergeben, daß diese Aufstauchungen beim Einstoßen stets größer als beim Ziehen waren und daß sie den ins Ziehhol eintretenden Querschnitt bis zu 3% vergrößerten.

Der Stabenddurchmesser wurde zwischen 5 und 40 mm verändert. Dabei zeigte sich, daß sowohl die Zieh- als auch die Einstoßspannung mit wachsender Stabdicke bis zu 50% im äußersten Falle abnahm. Dieses Absinken der zur Umformung erforderlichen äußeren Spannungen konnte nur durch die Annahme erklärt werden, daß der Reibungsbeiwert mit wachsender Berührungsfläche zwischen Stab und Werkzeug, also auch mit zunehmendem Stabenddurchmesser, kleiner wird. Durch diese Annahme gelang es, für alle untersuchten Stababmessungen befriedigende Übereinstimmung zwischen Theorie und Versuch zu erzielen.

Eine Erhöhung der Zieh- oder Einstoßgeschwindigkeit von 0,002 auf 0,1 m/s bewirkte nur ein geringfügiges Ansteigen der Zieh- oder Einstoßspannung.

Dr.-Ing. Oskar Pawelski

Literaturverzeichnis

[1] SACHS, G. — Z. angew. Math. Mech. 7 (1927) S. 235

[2] SIEBEL, E. — Die Formgebung im bildsamen Zustande. Düsseldorf 1932

[3] SACHS, G. und K.R. van HORN — Practical Metallurgy. Cleveland (Ohio) 1940

[4] KÖRBER, F. und A. EICHINGER — Mitt. K.-Wilh.-Inst. Eisenforschg. 22 (1940) S. 57/80

[5] DAVIS, E.A. und S.J. DOKOS — J. appl. Mech. 66 (1944) S. A 193

[6] SIEBEL, E. — Stahl u. Eisen 66/67 (1947) S. 171/80

[7] GUBKIN, S.J. — Nachr. d. Akademie d. Wissensch. d. UdSSR, OTN, Nr. 12 (1947)

[8] GELEJI, A. — Die Berechnung der Kräfte und des Arbeitsbedarfs bei der Formgebung im bildsamen Zustand der Metalle. 2.Aufl., Budapest 1955

[9] HU, L.W. — J. Franklin Inst. 263 (1957) Nr.4, S.317/29

[10] WHITTON, P.W. — J. Inst. Metals 86 (1958) S. 417/21

[11] PÖSCHL, Th. — Ing.-Arch. 13 (1942) S. 175/84; Ing.-Arch. 13 (1942) S. 342/54; Metallwirtschaft 22 (1943) S. 428/34; Metallwirtschaft 23 (1944) S. 245/49.

[12] SIEBEL, E. — Metallwirtschaft 23 (1944) S. 265

[13] HILL, R. — The Mathematical Theory of Plasticity. Oxford 1950

[14] PRAGER, W. und P.G. HODGE — Theorie ideal plastischer Körper. Wien 1954

[15] HILL, R. und S.J. TUPPER — J. Iron Steel Inst. 159 (1948) S. 353/59

[16] GREEN, A.P. und R. HILL — J. Mech. Phys. Solids 1 (1952) S. 31/36

[17] BISHOP, J.F.W. — J. Mech. Phys. Solids 2 (1953) S. 39/42

[18] WISTREICH, J.G. — Proc. Instn. Mech. Eng. 169 (1955) S.654/65

[19] LUEG, W. und K.-H. TREPTOW — Stahl und Eisen 75 (1955) S. 162/69 und 769/76

[20] DAHL, W. und W. LUEG — Stahl u. Eisen 77 (1957) S. 1794/1802

[21] THOMSEN, E.G. — Trans. Amer. Soc. Mech. Eng. 78 (1956), J. appl. Mech., S. 225/30

[22] THOMSEN, E.G. und J. FRISCH — Trans. Amer. Soc. Mech. Eng. 77 (1955) S. 1343/53

[23] JORDAN, T.F. — Dissertation, T.H. Hannover, 1957

[24] COOK, P.M. und J.G. WISTREICH — Brit. J. Appl. Phys. 3 (1952) S. 159/65

[25] WISTREICH, J.G. — J. Mech. Phys. Solids 1 (1952) S. 164/71

[26] HENCKY, H. — Z. angew. Math. Mech. 3 (1923) S. 241/51

[27] WISTREICH, J.G. — Iron and Steel 25 (1952) S. 391

[28] SIEBEL, E. und H. HÜHNE — Mitt. K.-Wilh.-Inst. Eisenforsch. 13 (1931) S. 43/62; vgl. Stahl u. Eisen 51 (1931) S. 597

[29] GEIRINGER, H. — Proc. 3rd Int. Cong. App. Mech., Stockholm, 2 (1930) S. 185

[30] LÉVY, M. — Journ. Math. pures et app. 16 (1871) S. 369

[31] v. MISES, R. — Göttinger Nachr., math.-phys. Klasse (1913) S. 582/92

[32] HILL, R. — Dissertation, Cambridge, 1948, herausgegeb. vom Ministry of Supply, Armament Research Establishment, Survey 1/48

[33] THOMSEN, E.G. und T.F. JORDAN — J. Mech. Phys. Solids 5 (1956) S. 184

[34] ISHLINSKY, A. — Prikladnaja Matematika i Mekhanika 8 (1944) S. 201

[35] TRESCA, H. — Mem. pres. par div. sav. 18 (1868) S. 733/99

[36] HAAR, A., und Th. v. KARMAN — Nachr. königl. Ges. d. Wiss., Göttingen, math.-phys. Klasse (1909) S. 204

[37] SHIELD, R.T. — J. Mech. Phys. Solids 3 (1954) S. 246/58

[38] HILL, R. — J. Iron Steel Inst. 158 (1958) S. 177

[39] LUEG, W. — Stahl u. Eisen 71 (1951) S. 157/70

[40] METZ, A. — Draht, 7 (1956) Nr. 2, S. 1/2

[41] WEVER, F., W. LUEG und P. FUNKE jun. — Forsch.-Ber. Wirtsch.- u. Verkehrsmin. Nordrh.-Westf., Nr. 473

[42] LUEG, W. und O. PAWELSKI — Stahl u. Eisen 78 (1958) S. 1812/15

[43]	WISTREICH, J.G.	Metallurg. Rev. 3 (1958) S. 97/142
[44]	BRIGGS, G.C. und H.W. SWIFT	Motor Industry Research Association, Rep. 1947/R/4
[45]	WISTREICH, J.G.	Proc. Instn. Mech. Eng., Conference on Lubrication and Wear (1957) S. 505/11
[46]	EICKEN, H. und W. HEIDENHAIN	Stahl u. Eisen 44 (1924) S. 1687/94
[47]	POMP, A., E. SIEBEL und E. HOUDREMONT	Mitt. K.-Wilh.-Inst. Eisenforsch. 11 (1929) S. 53/72
[48]	POMP, A. und W. BECKER	Mitt. K.-Wilh.-Inst. Eisenforsch. 12 (1930) S. 263/84; vgl. Stahl u. Eisen 50 (1930) S. 1723/24
[49]	ALDER, J.F. und V.A. PHILLIPS	J. Inst. Metals 83 (1954/55) S. 80/86

T a b e l l e n

Tabelle 1

Chemische Zusammensetzung und mechanische Kennwerte
des Versuchswerkstoffes im Anlieferungszustand

Nenn-End-durchmesser d_1	C	Si	Mn	P	S	Al	Cu	N_2	0,2%-Dehn-grenze $\sigma_{0,2}$	Zugfestig-keit σ_B	Dehnung δ_{10}	Einschnürung ψ
[mm]	[%]	[%]	[%]	[%]	[%]	[%]	[%]	[%]	[kg/mm²]	[kg/mm²]	[%]	[%]
5	0,10	0,15	0,48	0,018	0,032	0,030	0,12	0,005	39,5	44,6	18,3	70,2
7,5	0,095	0,16	0,48	0,016	0,032	0,032	0,13	0,005	30,9	40,8	28,9	72,6
10	0,11	0,16	0,49	0,016	0,032	0,029	0,11	0,005	25,8	42,1	31,8	74,0
17	0,095	0,15	0,49	0,017	0,032	0,033	0,12	0,005	27,7	41,8	29,8	71,4
25	0,10	0,16	0,49	0,017	0,032	0,031	0,12	0,005	26,1	39,2	29,9	70,3
40	0,10	0,14	0,49	0,017	0,032	0,027	0,12	0,005	(24,0)	(38,3)	(38,7)	(65,3)

Tabelle 2

Kleinst- und Größtwerte der Stabanfangsdurchmesser d_o in mm

(Mittelwerte von 8 Messungen an einem Stab)

Nenn-End-durchmesser d_1 in mm	Nenn-Querschnittsabnahme ε_F in %					
	2,5	5	10	17,5[1]	25[2]	
5	5,052 / 5,069	5,128 / 5,157	5,264 / 5,278	5,491 / 5,503	5,784 / 5,796	
7,5	7,588 / 7,607	7,693 / 7,698	7,895 / 7,903	8,236 / 8,257	8,636 / 8,663	
10	10,117 / 10,122	10,245 / 10,249	10,536 / 10,544	11,007 / 11,014	11,537 / 11,542	
17	17,150 / 17,185	17,701 / 17,738	17,858 / 17,891	18,643 / 18,678	19,612 / 19,695	
25	25,291 / 25,328	25,540 / 25,598	26,368 / 26,409	27,431 / 27,505	28,854 / 28,899	
40	40,468 / 40,519	41,144 / 41,161	42,187 / 42,210	43,380 / 43,402	44,698 / 44,724	1) 15 für d_1 = 40 mm 2) 20 für d_1 = 40 mm

Tabelle 3

Abmessungen der Ziehhole

für Nenn-Enddurchmesser d_1 in mm										
5		7,5		10		17		25		40	
Innen-durch-messer d_i	Ziehhol-öffnungs-winkel 2α	Innen-durch-messer d_i	Ziehhol-öffnungs-winkel 2α	Innen-durch-messer d_i	Ziehhol-öffnungs-winkel 2α	Innen-durch-messer d_i	Ziehhol-öffnungs-winkel 2α	Innen-durch-messer d_i	Ziehhol-öffnungs-winkel 2α	Innen-durch-messer d_i	Ziehhol-öffnungs-winkel 2α
[mm]	[°]	[mm]	[°]	[mm]	[°]	[mm]	[°]	[mm]	[°]	[mm]	[°]
4,993	6,0	7,484	6,1	10,013	6,3	16,990	6,1	24,980	6,2	40,045	6,2
4,989	12,0	7,486	11,9	9,996	12,0	17,010	12,0	25,000	12,2	40,026	12,0
4,996	17,7	7,486	18,1	9,999	18,0	17,020	18,2	25,010	18,6	40,018	18,1
4,988	23,9	7,486	24,0	10,016	24,0	17,066	24,1	25,003	24,4	40,018	24,4

T a b e l l e 4

Ergebnisse der Ziehversuche für den Nenn-Enddurchmesser $d_1 = 5$ mm

Ziehhol-öffnungs-winkel 2α	1. Meßreihe			2. Meßreihe			3. Meßreihe		
	Quer-schnitts-abnahme ε_F	Zieh-kraft P_Z	Zieh-spannung σ_Z	Quer-schnitts-abnahme ε_F	Zieh-kraft P_Z	Zieh-spannung σ_Z	Quer-schnitts-abnahme ε_F	Zieh-kraft P_Z	Zieh-spannung σ_Z
[°]	[%]	[t]	[kg/mm²]	[%]	[t]	[kg/mm²]	[%]	[t]	[kg/mm²]
6	2,5	0,143	7,30	2,4	0,132	6,74	2,8	0,144	7,34
	6,2	0,177	9,03	6,1	0,165	8,42	5,8	0,176	8,98
	10,3	0,242	12,4	10,4	0,207	10,6	10,2	0,231	11,8
	17,3	0,350	17,9	17,6	0,336	17,2	17,4	0,345	17,2
	25,7	0,479	24,4	25,6	0,476	24,3	25,5	0,509	26,0
12	2,6	0,166	8,47	2,6	0,312	6,74	2,3	0,157	8,01
	5,4	0,191	9,75	6,2	0,195	9,97	5,9	0,202	10,4
	10,3	0,229	11,7	10,6	0,241	12,3	10,4	0,254	13,0
	17,5	0,316	16,1	17,8	0,328	16,7	17,7	0,316	16,1
	25,8	0,433	22,0	25,8	0,454	23,2	25,7	0,486	24,9
18	2,5	0,146	7,45	2,8	0,164	8,36	2,2	0,173	8,83
	5,2	0,226	11,5	5,3	0,209	10,7	5,8	0,229	11,7
	10,2	0,277	14,1	10,2	0,270	13,8	10,2	0,279	14,3
	17,2	0,339	17,2	17,5	0,344	17,6	17,4	0,382	19,6
	25,5	0,440	22,4	25,5	0,461	23,6	25,4	0,472	24,2
24	2,2	0,175	8,89	2,6	0,158	8,06	3,0	0,164	8,40
	6,4	0,200	10,2	5,6	0,220	10,4	6,1	0,222	11,4
	10,2	0,266	13,5	10,5	0,276	14,1	10,5	0,293	15,1
	17,5	0,346	17,6	18,0	0,388	19,8	17,5	0,385	19,8
	25,6	0,448	22,8	25,8	0,490	25,0	25,7	0,506	26,0

Tabelle 5

Ergebnisse der Ziehversuche für den Nenn-Enddurchmesser $d_1 = 7,5$ mm

Ziehhol-öffnungs-winkel 2α [°]	1. Meßreihe			2. Meßreihe			3. Meßreihe		
	Quer-schnitts-abnahme ε_F [%]	Zieh-kraft P_Z [t]	Zieh-spannung σ_Z [kg/mm²]	Quer-schnitts-abnahme ε_F [%]	Zieh-kraft P_Z [t]	Zieh-spannung σ_Z [kg/mm²]	Quer-schnitts-abnahme ε_F [%]	Zieh-kraft P_Z [t]	Zieh-spannung σ_Z [kg/mm²]
6	2,8	0,238	5,40	2,8	0,218	4,94	2,8	0,211	4,79
	5,3	0,276	6,26	5,3	0,275	6,23	5,2	0,254	5,77
	10,2	0,439	9,95	10,2	0,390	8,82	10,2	0,407	9,21
	17,5	0,672	15,2	17,3	0,660	15,0	17,5	0,684	15,5
	25,2	0,996	22,5	25,2	1,02	23,4	25,3	1,01	22,9
12	2,7	0,308	7,01	2,8	0,319	7,24	3,0	0,309	7,04
	5,3	0,351	7,99	5,3	0,336	7,64	5,3	0,350	7,97
	10,0	0,438	9,95	10,2	0,452	10,3	10,2	0,463	10,5
	17,7	0,684	15,5	17,4	0,654	14,9	17,6	0,680	15,4
	24,8	0,896	20,3	25,2	0,916	20,8	25,3	0,928	21,0
18	2,7	0,327	7,42	2,8	0,322	7,31	2,8	0,317	7,19
	5,3	0,388	8,82	5,3	0,393	8,94	5,3	0,393	8,94
	10,2	0,524	11,9	10,2	0,505	11,5	10,3	0,528	12,0
	17,4	0,722	16,4	17,5	0,695	15,8	17,7	0,729	16,6
	25,2	0,921	20,9	25,2	0,927	21,6	25,3	0,928	21,1
24	2,6	0,380	8,45	2,7	0,382	8,68	2,8	0,410	9,32
	5,3	0,466	10,6	5,3	0,467	10,6	5,2	0,442	10,1
	10,2	0,580	13,3	10,2	0,580	13,3	10,0	0,576	13,2
	17,4	0,801	18,3	17,3	0,792	18,1	17,4	0,780	17,8
	25,2	1,00	22,9	25,3	1,01	23,1	25,1	1,11	23,1

Tabelle 6

Ergebnisse der Ziehversuche für den Nenn-Enddurchmesser $d_1 = 10$ mm

Ziehhol-öffnungs-winkel 2α [°]	1. Meßreihe			2. Meßreihe			3. Meßreihe		
	Quer-schnitts-abnahme ε_F [%]	Zieh-kraft P_Z [t]	Zieh-spannung σ_Z [kg/mm²]	Quer-schnitts-abnahme ε_F [%]	Zieh-kraft P_Z [t]	Zieh-spannung σ_Z [kg/mm²]	Quer-schnitts-abnahme ε_F [%]	Zieh-kraft P_Z [t]	Zieh-spannung σ_Z [kg/mm²]
6	2,0	0,313	3,99	2,2	0,338	4,31	2,8	0,338	4,31
	4,3	0,495	6,31	4,3	0,488	6,22	5,1	0,501	6,37
	9,6	0,613	7,81	9,0	0,638	8,13	10,2	0,642	8,18
	17,3	1,01	12,8	17,2	1,02	13,0	17,7	1,03	13,2
	24,6	1,50	19,2	24,6	1,55	19,8	25,0	1,62	20,6
12	2,3	0,350	4,46	2,5	0,353	4,49	2,3	0,341	4,33
	4,7	0,461	5,88	4,8	0,456	5,81	4,8	0,479	6,08
	9,8	0,700	8,92	10,0	0,671	8,55	9,9	0,707	8,95
	17,5	1,04	13,3	17,4	1,04	13,2	17,5	1,07	13,5
	24,8	1,47	18,7	24,9	1,49	19,0	25,0	1,52	19,2
18	2,3	0,421	5,37	2,3	0,418	5,33	1,9	0,427	5,42
	4,7	0,549	6,99	4,6	0,571	7,28	4,4	0,571	7,25
	9,8	0,796	10,2	9,9	0,794	10,1	9,7	0,810	10,3
	17,6	1,17	14,9	17,3	1,16	14,8	17,3	1,11	14,1
	24,8	1,57	20,0	24,9	1,60	20,4	24,7	1,62	20,6
24	1,9	0,374	4,76	2,2	0,401	5,11	2,1	0,422	5,34
	4,3	0,595	7,58	4,4	0,633	8,06	4,5	0,629	7,97
	9,5	0,856	10,9	9,7	0,892	11,4	9,8	0,881	11,2
	18,3	1,28	16,3	17,3	1,31	16,6	17,3	1,30	16,5
	24,5	1,70	21,7	24,7	1,69	21,6	24,8	1,75	22,2

Tabelle 7

Ergebnisse der Zieh- und Einstoßversuche für den Nenn-Enddurchmesser $d_1 = 17$ mm

Ziehhol-öffnungs-winkel 2α	1. Meßreihe					2. Meßreihe					3. Meßreihe				
	Quer-schnitts-abnahme ε_F	Zieh-kraft P_Z	Zieh-spannung σ_Z	Einstoß-kraft P_E	Einstoß-spannung σ_E	Quer-schnitts-abnahme ε_F	Zieh-kraft P_Z	Zieh-spannung σ_Z	Einstoß-kraft P_E	Einstoß-spannung σ_E	Quer-schnitts-abnahme ε_F	Zieh-kraft P_Z	Zieh-spannung σ_Z	Einstoß-kraft P_E	Einstoß-spannung σ_B
[°]	[%]	[t]	[kg/mm²]	[t]	[kg/mm²]	[%]	[t]	[kg/mm²]	[t]	[kg/mm²]	[%]	[t]	[kg/mm²]	[t]	[kg/mm²]
6	2,2	0,659	2,90	0,700	3,02	1,8	0,692	3,08	0,736	3,19	2,0	0,745	3,27	0,695	3,00
	8,2	1,40	6,18	1,66	6,72	7,9	1,31	5,72	1,67	6,77	8,1	1,56	6,84	1,96	7,95
	9,7	1,48	6,52	1,76	7,02	9,7	1,44	6,32	1,76	7,01	9,7	1,76	7,72	2,19	8,73
	17,1	2,61	11,5	3,50	12,8	17,2	2,57	11,3	3,41	12,5	16,8	3,10	13,6	-	-
	25,0	4,05	17,8	6,10	20,2	25,0	4,09	17,9	6,49	21,5	-	-	-	-	-
12	2,0	1,01	4,45	1,18	5,09	1,8	0,912	4,01	1,00	4,34	2,0	1,07	4,70	1,26	5,43
	7,9	2,02	8,90	2,20	8,95	7,6	1,86	8,17	2,09	8,51	7,8	1,94	8,51	2,50	10,1
	9,6	1,96	8,63	2,19	8,73	9,6	1,89	8,30	2,22	8,86	9,3	2,07	9,05	2,46	9,81
	16,9	2,81	12,4	3,72	13,6	17,0	2,84	12,4	3,76	13,4	16,7	3,13	13,7	4,33	15,7
	24,9	4,13	18,2	6,15	20,4	25,2	4,17	18,3	6,24	20,5	24,9	4,35	19,1	6,93	22,9
18	1,8	1,17	5,13	1,44	6,18	1,5	0,994	4,36	1,24	5,37	1,6	1,20	5,24	1,49	6,42
	7,8	2,26	9,95	2,65	10,8	7,6	2,15	9,43	2,46	9,99	7,7	2,13	9,34	2,80	11,3
	9,4	2,30	10,1	2,66	10,6	9,5	2,25	9,91	2,66	10,6	9,2	2,42	10,6	3,07	12,2
	16,7	3,32	14,6	4,33	15,9	16,9	3,29	14,4	4,37	15,9	16,6	3,65	16,0	4,96	18,2
	24,8	4,37	19,3	6,35	21,0	25,3	4,53	19,9	6,76	22,2	24,8	4,83	21,2	7,89	26,0
24	1,2	1,19	5,22	1,49	6,43	1,0	1,21	5,28	1,35	5,82	0,8	1,20	5,25	1,51	6,53
	7,2	2,49	11,1	3,20	13,0	7,2	2,36	10,3	2,78	11,3	7,2	2,65	11,06	3,31	13,4
	8,7	2,62	11,5	3,26	13,0	8,9	2,46	10,8	3,05	12,2	-	-	-	-	-
	16,2	3,68	16,2	4,98	18,2	16,3	3,71	16,3	5,12	18,8	16,3	3,98	17,5	5,55	20,3
	24,2	4,90	21,6	7,28	24,1	24,5	5,03	22,1	7,66	25,2	24,2	5,35	23,6	8,23	27,3

Tabelle 8

Ergebnisse der Zieh- und Einstoßversuche für den Nenn-Enddurchmesser $d_1 = 25$ mm

Ziehhol-öffnungs-winkel 2α [°]	1. Meßreihe Quer-schnitts-abnahme ε_F [%]	Zieh-kraft P_Z [t]	Zieh-spannung σ_Z [kg/mm²]	Einstoß-kraft P_E [t]	Einstoß-spannung σ_E [kg/mm²]	2. Meßreihe Quer-schnitts-abnahme ε_F [%]	Zieh-kraft P_Z [t]	Zieh-spannung σ_Z [kg/mm²]	Einstoß-kraft P_E [t]	Einstoß-spannung σ_E [kg/mm²]	3. Meßreihe Quer-schnitts-abnahme ε_F [%]	Zieh-kraft P_Z [t]	Zieh-spannung σ_Z [kg/mm²]	Einstoß-kraft P_E [t]	Einstoß-spannung σ_E [kg/mm²]
6	2,6	1,67	3,41	1,48	2,94	2,5	1,60	3,25	1,58	3,14	2,7	1,59	3,23	1,74	3,45
	4,8	2,04	4,15	2,10	4,08	4,5	1,84	3,73	2,12	4,13	4,5	2,28	4,63	2,65	5,16
	10,3	3,18	6,48	3,82	6,98	10,2	3,10	6,29	4,06	7,43	10,3	3,42	6,94	4,57	8,37
	17,2	5,51	11,2	7,05	12,0	17,5	5,28	10,7	7,26	12,2	17,3	6,25	12,7	10,0	16,9
	25,5	7,92	16,1	11,9	18,6	25,2	7,85	16,0	12,2	18,6	-	-	-	-	-
12	2,5	2,12	4,32	2,40	4,77	2,5	2,11	4,29	2,61	5,18	2,4	2,35	4,78	2,74	5,44
	4,3	2,65	5,40	2,86	5,58	4,4	2,84	5,77	3,16	6,15	4,4	3,12	6,35	3,59	6,99
	10,2	4,21	8,58	4,69	8,57	10,3	4,14	8,42	5,25	9,56	10,2	4,62	9,41	5,62	10,3
	17,2	5,76	11,7	7,61	12,8	17,2	5,66	11,5	7,47	12,6	17,1	6,58	13,4	8,91	15,1
	25,1	8,41	17,1	12,3	18,8	25,0	8,57	17,5	12,0	18,3	25,0	9,53	19,5	15,7	23,9
18	2,3	2,89	5,89	3,47	6,90	2,3	3,09	6,31	3,59	7,11	2,3	3,04	6,19	3,64	7,23
	4,3	3,31	6,74	3,88	7,54	4,2	3,88	7,94	4,11	8,07	4,2	3,51	7,17	4,30	8,38
	10,6	4,93	10,0	6,04	11,1	10,4	5,08	10,4	6,67	12,2	10,1	5,63	11,5	6,79	12,4
	16,8	6,44	13,1	8,70	14,7	16,8	6,61	13,6	8,85	15,0	17,1	7,33	15,0	10,2	17,1
	25,0	9,21	18,8	13,7	20,9	25,0	8,97	18,4	13,3	20,3	24,9	9,74	19,9	15,1	23,1
24	2,5	3,76	7,66	4,81	9,56	2,4	3,65	7,47	4,39	8,72	2,2	3,71	7,55	4,84	9,64
	4,5	4,80	9,78	5,21	10,3	4,4	4,09	8,20	5,31	10,3	4,4	4,32	8,82	5,44	10,6
	10,0	5,48	11,2	6,86	12,5	10,1	5,82	11,9	7,26	13,3	10,2	6,08	12,4	7,73	14,1
	17,2	7,60	15,5	10,0	16,8	17,2	7,63	15,6	10,4	17,5	17,2	8,37	17,2	11,6	19,5
	25,0	10,0	20,4	14,6	22,2	25,0	10,1	20,6	14,6	22,2	24,9	10,4	21,3	16,2	24,9

Seite 103

Tabelle 9

Ergebnisse der Zieh- und Einstoßversuche für den Nenn-Enddurchmesser $d_1 = 40$ mm

Ziehhol-öffnungs-winkel 2α [°]	1. Meßreihe					2. Meßreihe					3. Meßreihe				
	Quer-schnitts-abnahme ε_F [%]	Zieh-kraft P_Z [t]	Zieh-spannung σ_Z [kg/mm²]	Einstoß-kraft P_E [t]	Einstoß-spannung σ_E [kg/mm²]	Quer-schnitts-abnahme ε_F [%]	Zieh-kraft P_Z [t]	Zieh-spannung σ_Z [kg/mm²]	Einstoß-kraft P_E [t]	Einstoß-spannung σ_E [kg/mm²]	Quer-schnitts-abnahme ε_F [%]	Zieh-kraft P_Z [t]	Zieh-spannung σ_Z [kg/mm²]	Einstoß-kraft P_E [t]	Einstoß-spannung σ_E [kg/mm²]
6	2,2	3,47	2,76	3,32	2,58	2,1	3,25	2,58	3,15	2,44	2,2	3,15	2,50	3,35	2,60
	5,2	5,17	4,12	5,45	4,10	5,3	4,73	3,74	5,62	4,23	5,3	4,71	3,72	5,61	4,22
	9,9	7,75	6,18	8,68	6,21	9,8	7,29	5,76	8,19	5,86	9,9	7,03	5,55	8,18	5,85
	14,7	11,0	8,73	13,1	8,86	14,7	10,09	8,59	13,5	9,15	14,8	10,9	8,60	13,4	9,09
	19,8	14,9	11,8	19,7	12,5	19,8	15,2	12,0	20,8	13,3	19,7	14,8	11,7	20,1	12,8
12	2,3	4,60	3,66	5,21	4,05	2,2	4,50	3,57	5,14	3,99	2,2	4,68	3,71	5,23	4,07
	5,3	6,80	5,42	7,45	5,60	5,4	6,52	5,18	7,71	5,80	5,4	6,87	5,45	7,66	5,76
	10,1	9,72	7,74	11,1	7,95	10,0	9,60	7,60	11,6	8,27	10,0	9,18	7,28	11,4	8,16
	14,8	12,4	9,83	15,3	10,4	14,9	12,6	9,94	15,2	10,3	15,0	12,3	9,71	15,7	10,6
	19,8	16,2	12,9	21,6	13,8	19,9	16,7	13,2	22,4	14,2	19,8	16,1	12,7	22,0	14,0
18	2,3	6,78	5,40	8,39	6,52	2,2	5,86	4,65	7,39	5,74	2,3	6,36	5,05	7,57	5,87
	5,2	8,88	7,07	10,6	7,96	5,4	8,75	6,95	10,9	8,22	5,2	8,94	7,10	10,3	7,78
	10,1	12,2	9,67	15,0	10,7	10,2	12,0	9,55	14,5	10,4	10,1	11,9	9,47	14,8	10,6
	14,8	14,8	11,8	19,0	12,9	15,1	14,8	11,7	19,3	13,0	15,0	14,8	11,7	19,1	12,9
	19,8	18,0	14,3	24,5	15,6	19,9	18,4	14,5	25,8	16,4	19,9	18,4	14,6	25,3	16,1
24	2,3	8,63	6,87	11,3	8,75	2,2	8,31	6,60	10,7	8,29	2,4	7,95	6,31	10,3	8,01
	5,3	11,2	8,92	14,3	10,7	5,4	11,1	8,79	14,6	11,0	5,4	11,1	8,82	14,6	11,0
	10,0	14,1	11,2	18,2	13,0	9,9	13,4	10,7	17,8	12,7	10,0	14,0	11,1	17,7	12,6
	14,8	17,5	14,0	23,5	16,0	14,8	17,1	13,6	22,4	15,2	14,8	17,2	13,7	22,2	15,0
	19,8	21,4	17,0	29,3	18,7	19,8	21,1	16,8	29,8	19,0	19,8	22,0	17,4	29,9	19,0

Tabelle 10

Ziehholformzahl für rotationssymmetrische Umformung

$$\Delta = \alpha \frac{1 + \sqrt{1 - \varepsilon_F}}{1 - \sqrt{1 - \varepsilon_F}}$$

Ziehholöffnungs-winkel 2α in °	Querschnittsabnahme ε_F in %						
	2,5	5	10	15	17,5	20	25
6	8,26	4,08	1,99	1,29	1,09	0,940	0,729
12	16,5	8,17	3,98	2,58	2,18	1,88	1,46
18	24,8	12,3	5,96	3,87	3,27	2,82	2,19
24	33,0	16,3	7,95	5,16	4,36	3,76	2,92

Mein besonderer Dank gilt dem Direktor des Max-Planck-Instituts für Eisenforschung, Herrn Professor Dr. phil. Willy OELSEN für die wohlwollende Förderung dieser Arbeit sowie Herrn Dr.-Ing. Werner LUEG † für die Betreuung und freundliche Unterstützung.

Ebenfalls zu großem Dank verpflichtet bin ich den Herren Professor Dr.-Ing. Eduard PESTEL und Professor Dr.-Ing. Dr.-Ing. E.h. Otto KIENZLE für ihr Entgegenkommen bei der Übernahme der Referate sowie für zahlreiche wertvolle Anregungen.

Außerdem danke ich Herrn Professor Dr. rer. techn. Albert KOCHENDÖRFER für eine kritische Diskussion der Arbeit.

FORSCHUNGSBERICHTE DES LANDES NORDRHEIN-WESTFALEN

Herausgegeben
im Auftrage des Ministerpräsidenten Dr. Franz Meyers
von Staatssekretär Professor Dr. h. c., Dr. E. h. Leo Brandt

EISENVERARBEITENDE INDUSTRIE

HEFT 39
Forschungsgesellschaft Blechverarbeitung e. V., Düsseldorf
Untersuchungen an prägegemusterten und vorgelochten Blechen
1953, 46 Seiten, 34 Abb., DM 9,50

HEFT 43
Forschungsgesellschaft Blechverarbeitung e. V., Düsseldorf
Forschungsergebnisse über das Beizen von Blechen
1953, 48 Seiten, 38 Abb., 3 Tabellen, DM 11,30

HEFT 51
Verein zur Förderung von Forschungs- und Entwicklungsarbeiten in der Werkzeugindustrie e. V., Remscheid
Untersuchungen an Kreissägeblättern für Holz, Fehler- und Spannungsprüfverfahren
1953, 50 Seiten, 23 Abb., DM 10,—

HEFT 56
Forschungsgesellschaft Blechbearbeitung e. V., Düsseldorf
Untersuchungen über einige Probleme der Behandlung von Blechoberflächen
1954, 52 Seiten, 42 Abb., DM 11,20

HEFT 60
Forschungsgesellschaft Blechbearbeitung e. V., Düsseldorf
Untersuchungen über das Spritzlackieren im elektrostatischen Hochspannungsfeld
1954, 82 Seiten, 53 Abb., 7 Tabellen, DM 17,—

HEFT 61
Verein zur Förderung von Forschungs- und Entwicklungsarbeiten in der Werkzeugindustrie e. V., Remscheid
Schwingungs- und Arbeitsverhalten von Kreissägeblättern für Holz
1954, 54 Seiten, 31 Abb., DM 11,40

HEFT 65
Fachverband Schneidwarenindustrie, Solingen
Untersuchungen über das elektrolytische Polieren von Tafelmesserklingen aus rostfreiem Stahl
1954, 90 Seiten, 38 Abb., 9 Tabellen, DM 17,35

HEFT 87
Gemeinschaftsausschuß Verzinken, Düsseldorf
Untersuchungen über Güte von Verzinkungen
1954, 68 Seiten, 56 Abb., 3 Tabellen, DM 15,30

HEFT 98
Fachverband Gesenkschmieden, Hagen
Die Arbeitsgenauigkeit beim Gesenkschmieden unter Hämmern
1955, 132 Seiten, 55 Abb., 9 Tabellen, DM 24,75

HEFT 116
Prof. Dr.-Ing. E. Siebel und Dr.-Ing. H. Weiss, Stuttgart
Untersuchungen an einigen Problemen des Tiefziehens — I. Teil
1955, 74 Seiten, 50 Abb., 6 Tabellen, DM 14,50

HEFT 117
Dr.-Ing. H. Beißwänger, Stuttgart, und Dr.-Ing. S. Schwandt, Trier
Untersuchungen an einigen Problemen des Tiefziehens — II. Teil
1955, 92 Seiten, 34 Abb., 8 Tabellen, DM 17,70

HEFT 150
Prof. Dr.-Ing. O. Kienzle und Dipl.-Ing. F. W. Timmerbeil, Hannover
Das Durchziehen enger Kragen an ebenen Fein- und Mittelblechen
1955, 52 Seiten, 20 Abb., 8 Tabellen, DM 11,30

HEFT 177
Dipl.-Ing. H. Stüdemann, Solingen, und Dr.-Ing. W. Müchler, Essen
Entwicklung eines Verfahrens zur zahlenmäßigen Bestimmung der Schneideigenschaften von Messerklingen
1956, 104 Seiten, 68 Abb., 4 Tabellen, DM 22,20

HEFT 224
Dipl.-Ing. H. Stüdemann und Ing. R. Beu, Solingen
Verfahren zur Prüfung der Korrosionsbeständigkeit von Messerklingen aus rostfreiem Stahl
1956, 82 Seiten, 28 Abb., DM 16,90

HEFT 225
Dr.-Ing. E. Barz, Remscheid
Der Spannungszustand von Gattersägeblättern
1956, 74 Seiten, 54 Abb., DM 16,50

HEFT 277
Dr.-Ing. W. Müchler, Essen
Untersuchung und zahlenmäßige Bestimmung der Schneideigenschaften von Messern mit besonderer Berücksichtigung rostfreier Messerstähle
1956, 60 Seiten, 27 Abb., 5 Tabellen, DM 13,20

HEFT 283
Prof. Dr. F. Wever und Dr.-Ing. W. Lueg, Düsseldorf
Warmstauchversuche zur Ermittlung der Formänderungsfestigkeit von Gesenkschmiede-Stählen
1956, 44 Seiten, 19 Abb., DM 9,90

HEFT 285
Prof. Dr.-Ing. O. Kienzle, Dr.-Ing. K. Lange, Hannover und Dipl.-Ing. H. Meinert, Osterode
Einfluß der Oberfläche auf das Verschleißverhalten von Schmiedegesenken
1956, 62 Seiten, 29 Abb., 8 Tabellen, DM 14,60

HEFT 286
Dr.-Ing. K. Lange, Hannover, Dipl.-Ing. H. Meinert, Osterode, unter Mitarbeit von Dr.-Ing. H. Arend, Mühlheim (Ruhr)
Verschleißverhalten hartverchromter Schmiedegesenke
1956, 74 Seiten, 53 Abb., 6 Tabellen, DM 17,65

HEFT 321
Prof. Dr. F. Wever, Düsseldorf, und Dr. W. Wepner, Köln
Gleichzeitige Bestimmung kleiner Kohlenstoff- und Stickstoffgehalte im α-Eisen durch Dämpfungsmessung
1956, 30 Seiten, 3 Abb., 4 Tabellen, DM 6,80

HEFT 322
Prof. Dr.-Ing. F. Bollenrath und Dipl.-Ing. W. Domke, Aachen
Eigenspannungen in vergüteten, dickwandigen Stahlzylindern nach Oberflächenhärtung mit induktiver Erwärmung
1956, 30 Seiten, 9 Abb., 2 Tabellen, DM 6,90

HEFT 360
Dr.-Ing. E. Barz, Remscheid
Fertigungsverfahren und Spannungsverlauf bei Kreissägeblättern für Holz
1957, 68 Seiten, 40 Abb., DM 17,—

HEFT 367
Dr. rer. nat. D. Horstmann, Düsseldorf
Der Angriff eisengesättigter Zinkschmelzen auf kohlenstoff-, schwefel- und phosphorhaltiges Eisen
1957, 52 Seiten, 22 Abb., 6 Tabellen, DM 12,85

HEFT 375
Technischer Überwachungsverein e. V., Essen
Wanddickenmessungen mittels radioaktiver Strahlen und Zählrohrgerät
1958, 38 Seiten, 15 Abb., DM 9,55

HEFT 376
Technischer Überwachungsverein e. V., Essen
Wasserumlaufprobleme an Hochdruckkesseln
1958, 140 Seiten, 56 Abb., 8 Tabellen, DM 32,60

HEFT 377
Technischer Überwachungsverein e. V., Essen
Versuche an Wanderrostkesseln mit befeuchteter Verbrennungsluft
1958, 36 Seiten, 19 Abb., 2 Tabellen, DM 12,20

HEFT 395
Dipl.-Ing. L. Hahn, Clausthal-Zellerfeld
Untersuchungen zur Frage des optimalen Bohrloch- und Patronendurchmessers
1957, 132 Seiten, 49 Abb., 19 Tabellen, DM 31,25

HEFT 445
Dr.-Ing. E. Barz, Remscheid
Fertigungs- und Prüfverfahren für Feilen
vergriffen

HEFT 447
Prof. Dr.-Ing. F. Bollenrath, Aachen Dr.-Ing. H. Füllenbach, Seesen (Harz), und Dipl.-Ing. J. Schumacher, Neubeckum (Westf.)
Entwicklung rationell arbeitender Spritzkabinen
1958, 44 Seiten, 26 Abb., DM 13,55

HEFT 473
Prof. Dr. phil. F. Wever, Dr.-Ing. W. Lueg und Dipl.-Ing. P. Funke jr. Düsseldorf
Versuche an einer hydraulischen 25 t-Stangenziehbank
1957, 34 Seiten, 11 Abb., DM 8,95

HEFT 557
Dr.-Ing. H. Schiffers, Dipl.-Ing. D. Ammann, Dipl.-Ing. E. Brugger und Dipl.-Ing. R. Dicke, Aachen
Härtbarkeit von Gußeisen mit Lamellen- und Kugelgraphit in Abhängigkeit von Zusammensetzung und Gefüge
1958, 30 Seiten, 24 Abb., 1 Tabelle, DM 11,—

HEFT 630
Prof. Dr. phil. W. Koch und Dr. techn. Dipl.-Ing. H. Malissa, Düsseldorf
Beiträge zur Spurenanalyse im Reinsteisen
1958, 26 Seiten, 8 Tabellen, DM 7,60

HEFT 639
Prof. Dr.-Ing. habil. K. Krekeler, Dr.-Ing. H. Peukert und Dipl.-Ing. O. Schwarz, Aachen
Auswertung der in- und ausländischen Literatur auf dem Gebiete des Metallklebens
1958, 152 Seiten, DM 37,80

HEFT 655
Dr. rer. pol. A. Th. Wuppermann, Leverkusen, Prof. Dr.-Ing. M. Pfender und Reg.-Rat Dipl.-Ing. E. Amedick, Berlin
Untersuchung des Einflusses von Oberflächenfehlern auf die Dauerhaltbarkeit von Kurbelwellen
1958, 48 Seiten, 101 Abb., 4 Tabellen, DM 10,—

HEFT 680
Prof. Dr. phil. W. Koch, Dr.-Ing. habil. A. Krisch und Dipl.-Phys. H. Rohde, Düsseldorf
Änderungen im Gefügeaufbau austenitischer Chrom-Nickel-Stähle bei Zeitstandversuchen von mehrjähriger Dauer
1959, 38 Seiten, 23 Abb., 5 Tabellen, DM 12,20

HEFT 681
Prof. Dr.-Ing. Dr.-Ing. E. h. H. Schenk und Dr.-Ing. W. Wenzel, Aachen
Die Reduktion von Eisenerzen im Elektro-Fließbett
1959, 76 Seiten, 20 Abb., 12 Tabellen, DM 19,60

HEFT 693
Prof. Dr.-Ing. O. Kienzle, Hannover
Einige Untersuchungen über das Schneiden von Blechen
1959, 56 Seiten, 54 Abb., 3 Tabellen, DM 17,40

HEFT 702
Prof. Dr. phil. W. Koch und Dipl.-Phys. Dr. rer. nat. H. Lüdering, Düsseldorf
Statistische Auswertung von Thomasroheisenproben guter und schlechter Verblasbarkeit
1959, 20 Seiten, 3 Abb., 3 Tabellen, DM 6,50

HEFT 703
Prof. Dr. phil. W. Koch und Dipl.-Phys. Dr. phil. H. Sundermann, Düsseldorf
Isolierungstechnische Untersuchungen an Thomasroheisen
1959, 28 Seiten, 16 Abb., 1 Tabelle, DM 9,—

HEFT 705
Dr.-Ing. K. E. Mayer, Dr.-Ing. H. Knüppel, Ing. A. Stumpf, Dortmund, und Prof. Dr. phil. W. Koch, Düsseldorf
Wege zur automatischen Überwachung des Thomasverfahrens
1959, 56 Seiten, 20 Abb., 7 Tabellen, DM 14,80

HEFT 714
Prof. Dr.-Ing. W. Patterson, Aachen
Wirkung einer Gasspülung auf den Magnesiumverbrauch bei der Herstellung von Gußeisen mit Kugelgraphit
1959, 44 Seiten, 35 Abb., 14 Tabellen, DM 13,40

HEFT 728
Dr.-Ing. K. Spies, Dortmund
Die Zwischenformen beim Gesenkschmieden und ihre Herstellung durch Formwalzen
1959, 114 Seiten, 61 Abb., 1 Tabelle, DM 29,60

HEFT 740
Dr. rer. nat. D. Horstmann, Düsseldorf
Einfluß einiger Eisen- und Zinkbegleiter auf Größe und Art des Zinkangriffs auf Eisen
1959, 38 Seiten, 22 Abb., 1 Tabelle, DM 12,60

HEFT 741
Dipl.-Ing. H. Stüdemann, Dipl.-Ing. F. Esselborn und Ing. H. Hartmann, Solingen
Prüfung der Korrosionsbeständigkeit rostbeständiger Besteckbleche aus Chromstahl
1959, 32 Seiten, 30 Abb., 4 Tabellen, DM 10,30

HEFT 742
Dr.-Ing. E. Barz, Remscheid
Schneideigenschaften von schneidenden Zangen und Prüfverfahren
1959, 66 Seiten, 40 Abb., 4 Tabellen, DM 18,40

HEFT 757
Dr.-Ing. A. Schrader und Dr.-Ing. habil. A. Krisch, Düsseldorf
Mikroskopische Beobachtungen von Ausscheidungen in austenitischen und ferritischen Stählen nach dem Kriechversuch
1959, 22 Seiten, 22 Abb., 1 Tabelle, DM 8,60

HEFT 780
Prof. Dr. phil. F. Wever, Düsseldorf
Untersuchungen von Walzölen und Walzölemulsionen im Kaltwalzversuch
1959, 68 Seiten, 28 Abb., mehr. Tabellen, DM 18,50

HEFT 781
Dr.-Ing. E. Barz u. a., Remscheid
Verformungseinflüsse bei der Feilenherstellung
1959, 65 Seiten, 39 Abb., kart., DM 20,—

HEFT 840
Prof. Dr. phil. F. Wever, Dr.-Ing. H. G. Müller und Dr.-Ing. P. Funke, Düsseldorf
Versuchsmäßige und rechnerische Bestimmung von Walzkraft und Drehmoment unter Einwirkung von Bandzugspannungen beim Kaltwalzen von Bandstahl
1960, 36 Seiten, 12 Abb., 3 Tafeln, DM 10,90

HEFT 841
Dr. rer. nat. H. Blanck, Düsseldorf
Untersuchungen zur Kinetik des Martensitzerfalls
1960, 33 Seiten, 11 Abb., kart., DM 10,30

HEFT 889
Dipl.-Ing. W. Hufschmidt, Aachen
Die Eigenschaften von Rippenrohrluftkühlern im Arbeitsbereich der Klimaanlage
1960, 126 Seiten, 37 Abb., DM 33,30

HEFT 890
Dr.-Ing. H. Meyer, Hagen (Westf.)
Untersuchungen über den Umformvorgang in Waagerecht-Stauchmaschinen
1960, 76 Seiten, 61 Abb., 3 Tabellen, DM 21,90

HEFT 916
Dipl.-Ing. Hans-Joachim Grasemann, Forschungsgesellschaft Blechverarbeitung e. V., Düsseldorf
Der offene, kreuzende Scherschnitt an Blechen
1960, 138 Seiten, 66 Abb., 10 Tabellen, DM 40,70

HEFT 1000
Dipl.-Ing. Hartmut Tolkien, Institut für Werkzeugmaschinen und Umformtechnik der Technischen Hochschule Hannover
Schmierwirkungen in Schmiedegesenken

HEFT 1001
Dipl.-Phys. Dr. rer. nat. Günter Langner, Institut für Elektronenmikroskopie an der Medizinischen Akademie, Düsseldorf
Die Informationsübertragung bei der Mikroskopie mit Röntgenstrahlen
1961, 126 Seiten, 7 Abb., DM 37,—

HEFT 1004
Dr.-Ing. Eginhard Barz, Verein zur Förderung von Forschungs- und Entwicklungsarbeiten in der Werkzeugindustrie e. V., Remscheid
Untersuchung von Schraubendrehern und Schraubenverbindungen

HEFT 1027
Dr.-Ing. Eginhard Barz, Verein zur Förderung von Forschungs- und Entwicklungsarbeiten in der Werkzeugindustrie e. V., Remscheid
Prüfung von Feilen

HEFT 1028
Dipl.-Ing. S. Stendorf, Verein zur Förderung von Forschungs- und Entwicklungsarbeiten in der Werkzeugindustrie e. V., Remscheid
Das Gleitstauchen von Schneidezähnen an Sägen für Holz

HEFT 1056
Dr.-Ing. Oskar Pawelski, Dr.-Ing. Werner Lueg †, Max-Planck-Institut für Eisenforschung, Düsseldorf
Der Spannungszustand beim Ziehen und Einstoßen von runden Stangen

---

Ein Gesamtverzeichnis der Forschungsberichte, die folgende Gebiete umfassen, kann bei Bedarf vom Verlag angefordert werden:
Acetylen / Schweißtechnik - Arbeitswissenschaft - Bau / Steine / Erden - Bergbau - Biologie - Chemie - Eisenverarbeitende Industrie - Elektrotechnik / Optik - Fahrzeugbau / Gasmotoren - Farbe / Papier / Photographie - Fertigung - Funktechnik / Astronomie - Gaswirtschaft - Hüttenwesen / Werkstoffkunde - Kunststoffe - Luftfahrt / Flugwissenschaften - Maschinenbau - Medizin / Pharmakologie - NE-Metalle - Physik - Schall / Ultraschall - Schiffahrt - Textiltechnik / Faserforschung / Wäschereiforschung - Turbinen - Verkehr - Wirtschaftswissenschaft.

MIX
Papier aus verantwortungsvollen Quellen
Paper from responsible sources
FSC® C105338

If you have any concerns about our products,
you can contact us on
ProductSafety@springernature.com

In case Publisher is established outside the EU,
the EU authorized representative is:
**Springer Nature Customer Service Center GmbH
Europaplatz 3, 69115 Heidelberg, Germany**

Printed by Libri Plureos GmbH
in Hamburg, Germany